全国高等职业教育规划教材

网页设计与制作

主编 王 潇 章明珠 王 娟
参编 康晓梅 张 娜 马文宁 等
主审 边国栋

机械工业出版社

本书共 11 章，主要包括网页制作基础、Dreamweaver CS6 网页制作、Photoshop CS6 网页图像设计、Flash CS6 网页动画制作及综合案例，在编写中对内容进行了精心的设计，结构清晰，图文并茂，每章均按照"知识点讲解→分解案例→课堂综合案例→本章小结→课后习题"的思路进行编排，通过一个个小例题深入了解每一个知识点，最后通过完整的课堂案例综合运用所学知识，使读者通过实际操作快速上手，熟悉软件功能和网页设计与制作的思路。

本书浅显易懂，指导性强，适合非计算机专业本科和高职高专院校的学生学习网页设计之用，也可作为培训用书。

本书配有授课电子课件和素材，需要的教师可登录 www.cmpedu.com 免费注册，审核通过后下载，或联系编辑索取（QQ：1239258369，电话：010-88379739）。

图书在版编目（CIP）数据

网页设计与制作/王潇，章明珠，王娟主编. —北京：机械工业出版社，2017.12

全国高等职业教育规划教材

ISBN 978-7-111-58673-9

Ⅰ. ①网… Ⅱ. ①王… ②章… ③王… Ⅲ. ①网页制作工具-高等职业教育-教材 Ⅳ. ①TP393.092.2

中国版本图书馆 CIP 数据核字（2017）第 315083 号

机械工业出版社（北京市百万庄大街 22 号 邮政编码 100037）
策划编辑：鹿　征　　责任编辑：鹿　征
责任校对：张艳霞　　责任印制：孙　炜

北京玥实印刷有限公司印刷

2018 年 1 月第 1 版·第 1 次印刷
184mm×260mm·17.5 印张·424 千字
0001-3000 册
标准书号：ISBN 978-7-111-58673-9
定价：49.80 元

凡购本书，如有缺页、倒页、脱页，由本社发行部调换

电话服务　　　　　　　　　　网络服务
服务咨询热线：(010)88379833　机 工 官 网：www.cmpbook.com
　　　　　　　　　　　　　　　机 工 官 博：weibo.com/cmp1952
读者购书热线：(010)88379649　教育服务网：www.cmpedu.com
封面无防伪标均为盗版　　　　　金 书 网：www.golden-book.com

前　　言

随着互联网行业的飞速发展，网络已经成为人们获取信息的重要途径，也成为生活中不可缺少的一部分。因此，学生不仅要学会如何在网上寻找信息，还需要学好如何将信息上传到网络，提高自身的信息素养，以适应更广阔的就业需求。本书根据读者的需求，从实际案例出发，以浅显易懂的讲解方式，介绍网页制作最基本及最需要掌握的内容，包括网页的基础知识、使用 Dreamweaver 制作网站的方法、使用 Photoshop CS6 处理图像的方法、使用 Flash CS6 制作动画的方法及综合案例等。各章配有典型的课堂案例和课后习题，让读者可以在较短的时间内掌握最实用的知识。

本书共 11 章，分为 4 个部分，循序渐进地帮助学生掌握网页设计的相关知识以及 3 个软件协同使用设计网页的操作流程。

第 1 部分 Dreamweaver CS6 的使用（第 1~6 章）：主要介绍创建站点和网站建设的基础知识，详细介绍了网页中的文本、图像和多媒体的插入和编辑方法，以及页面之间的超链接、表格布局、CSS 样式表、Div 元素、CSS+Div 布局页面、行为、模板和库等功能。

第 2 部分 Photoshop CS6 的使用（第 7~8 章）：主要介绍了 Photoshop 的工作界面和基本操作，网页图像的色彩调整、编辑、绘制与修饰，网页图层的应用、网页文本的制作、网页特效的实现及网页切片的输出等。

第 3 部分 Flash CS6 的使用（第 9~10 章）：主要介绍了 Flash 中的绘图工具、修图工具和填充工具等的使用方法，文本对象的创建与编辑，元件、实例与库的基本操作，以及网页动画的制作等。

第 4 部分综合案例（第 11 章）：通过一个完整的设计方案，介绍了如何使用 3 个软件协作来制作摄影工作室网站的方法。

本书配有精美、完整的课件和教学素材，便于相关教师根据自己的需求使用。

本书由王潇、章明珠和王娟主编，边国栋教授主审，其他参编人员有康晓梅、张娜、马文宁、杨佩、马永辉、王娟。

由于编者水平有限，虽然在编写本书的过程中倾注了大量心血，但疏漏和不足之处在所难免，恳请广大读者和专家指正。

编　者

目　　录

前言

第1章　网页制作与网站建设基础知识 1
1.1　网络基础知识 1
　　1.1.1　Internet 基础知识 1
　　1.1.2　网页和网站 3
1.2　HTML 概述 6
　　1.2.1　什么是 HTML 6
　　1.2.2　HTML 文件的基本结构 7
　　1.2.3　HTML 常用标记 8
1.3　网页制作工具 10
　　1.3.1　Dreamweaver CS6 10
　　1.3.2　Photoshop CS6 11
　　1.3.3　Flash CS6 12
1.4　网页制作的基本流程 12
1.5　课堂案例——个人主页制作 13
　　1.5.1　案例目标 13
　　1.5.2　操作思路 13
1.6　本章小结 14
1.7　课后习题 14

第2章　使用 Dreamweaver CS6 创建网页文档 15
2.1　熟悉 Dreamweaver CS6 工作界面 15
　　2.1.1　工作界面的组成 15
　　2.1.2　可视化辅助工具 19
　　2.1.3　设置首选参数 21
2.2　创建和管理站点 23
　　2.2.1　规划站点 23
　　2.2.2　管理站点 24
　　2.2.3　管理站点中的文件 26
2.3　网页文档基本操作 27
　　2.3.1　新建网页文档 27
　　2.3.2　保存、打开网页文档 28
　　2.3.3　设置页面属性 29
2.4　课堂案例——为"学院网站"创建多个网页 29
　　2.4.1　案例目标 30
　　2.4.2　操作思路 30
2.5　本章小结 33
2.6　课后习题 33

第3章　网页中的基本对象 34
3.1　网页中的文本 34
　　3.1.1　直接输入 34
　　3.1.2　复制/粘贴外部文本 35
　　3.1.3　导入外部文件 36
　　3.1.4　插入特殊字符 37
　　3.1.5　插入项目列表和编号列表 37
　　3.1.6　设置文本属性 39
3.2　网页中的图像 41
　　3.2.1　网页中的图像格式 41
　　3.2.2　插入图像 42
　　3.2.3　设置图像属性 44
　　3.2.4　跟踪图像 45
3.3　网页中的多媒体 46
　　3.3.1　认识网页中的多媒体 46
　　3.3.2　网页中添加 Flash 动画 46
　　3.3.3　网页中插入 FLV 视频 48
　　3.3.4　网页中添加音频对象 50
　　3.3.5　网页中添加其他媒体文件 51
3.4　超链接 52
　　3.4.1　基本概念 52
　　3.4.2　设置超链接 54
　　3.4.3　常用超链接 54
3.5　行为 59

3.5.1 基本概念 ………………… 60
3.5.2 应用行为 ………………… 61
3.5.3 编辑行为 ………………… 67
3.6 AP Div …………………………… 68
3.6.1 AP Div 简介 ……………… 68
3.6.2 AP Div 的应用 …………… 70
3.7 课堂案例——制作"西安翻译学院"首页 ……………………… 72
3.7.1 案例目标 ………………… 72
3.7.2 操作思路 ………………… 73
3.8 本章小结 ………………………… 75
3.9 课后习题——制作"个人网站"首页 ……………………………… 75

第4章 使用表格布局网页 …………… 77
4.1 表格概述 ………………………… 77
4.1.1 表格的基本概念 ………… 77
4.1.2 表格的组成 ……………… 78
4.2 在网页中插入表格 ……………… 78
4.2.1 插入表格 ………………… 79
4.2.2 选择表格 ………………… 80
4.3 设置表格和单元格属性 ………… 82
4.3.1 设置表格属性 …………… 82
4.3.2 设置单元格属性 ………… 83
4.4 表格的基本操作 ………………… 83
4.4.1 调整表格和单元格的大小 … 83
4.4.2 插入和删除行或列 ……… 83
4.4.3 拆分或合并单元格 ……… 85
4.4.4 剪切、复制、粘贴表格 … 86
4.4.5 在表格中插入内容 ……… 87
4.5 使用表格布局网页 ……………… 87
4.5.1 使用简单表格布局网页 … 87
4.5.2 使用复杂表格布局网页 … 88
4.6 课堂案例——制作"时尚家居网"首页 ……………………………… 88
4.6.1 案例目标 ………………… 88
4.6.2 操作思路 ………………… 89
4.7 本章小结 ………………………… 92
4.8 课后习题——制作网站"最美陕西"首页 ………………………… 92

第5章 应用CSS+Div布局网页 ……… 94
5.1 CSS样式表 ……………………… 94
5.1.1 基本概念 ………………… 94
5.1.2 基本语法 ………………… 95
5.1.3 CSS选择器类型 ………… 96
5.1.4 CSS样式的位置 ………… 97
5.2 CSS在Dreamweaver中的应用 …………………………………… 98
5.2.1 创建CSS样式表 ………… 98
5.2.2 管理CSS样式表 ………… 99
5.2.3 CSS样式属性 …………… 102
5.3 课堂案例1——制作"星座网站" ………………………………… 106
5.3.1 案例目标 ………………… 108
5.3.2 操作思路 ………………… 108
5.4 CSS+Div ………………………… 110
5.4.1 Div概述 …………………… 110
5.4.2 盒子模型 ………………… 113
5.4.3 CSS+Div布局 …………… 114
5.5 课堂案例2——制作"七彩云南"网站 ……………………………… 116
5.5.1 案例目标 ………………… 116
5.5.2 操作思路 ………………… 116
5.6 本章小结 ………………………… 125
5.7 课后习题 ………………………… 125

第6章 框架、模板和库 ……………… 126
6.1 框架 ……………………………… 126
6.1.1 框架概述 ………………… 126
6.1.2 创建框架网页 …………… 127
6.1.3 框架的基本操作 ………… 129
6.1.4 框架和框架集属性 ……… 130
6.2 模板和库 ………………………… 131
6.2.1 模板 ……………………… 132
6.2.2 库 ………………………… 135
6.3 课堂案例——设计"学院网站" ………………………………… 138
6.3.1 案例目标 ………………… 138

6.3.2　操作思路 …………………… 138
6.4　本章小结 …………………………… 141
6.5　课后练习 …………………………… 141

第7章　使用Photoshop CS6制作网页素材 …………………… 142

7.1　熟悉Photoshop CS6的工作界面 …………………………… 142
　　7.1.1　工作界面的组成 ………………… 142
　　7.1.2　文件的基础操作 ………………… 143
　　7.1.3　视图的控制 ……………………… 144
　　7.1.4　辅助工具 ………………………… 145
　　7.1.5　图像与画布大小设置 …………… 146
　　7.1.6　历史记录应用 …………………… 148
7.2　创建选区的基本方法 ……………… 149
　　7.2.1　选区工具 ………………………… 149
　　7.2.2　选区的基本操作 ………………… 154
　　7.2.3　编辑选区的方法 ………………… 154
7.3　路径和形状的绘制 ………………… 157
　　7.3.1　路径 ……………………………… 157
　　7.3.2　"路径"面板 …………………… 158
　　7.3.3　形状工具 ………………………… 159
7.4　绘制和修复图像 …………………… 161
　　7.4.1　图像的裁剪和移动 ……………… 161
　　7.4.2　设置颜色的基本方法 …………… 162
　　7.4.3　填充与描边 ……………………… 164
　　7.4.4　图像绘画工具 …………………… 166
　　7.4.5　图像修复工具 …………………… 169
　　7.4.6　图像的变换 ……………………… 169
7.5　课堂练习——设计制作网站配图 ………………………………… 170
7.6　本章小结 …………………………… 178
7.7　课后习题 …………………………… 179

第8章　使用Photoshop CS6制作网站效果图 …………………… 180

8.1　图层 ………………………………… 180
　　8.1.1　"图层"面板 …………………… 181
　　8.1.2　图层种类 ………………………… 182
　　8.1.3　图层的基本操作 ………………… 183
　　8.1.4　填充图层 ………………………… 186
　　8.1.5　混合模式 ………………………… 188
8.2　图层样式 …………………………… 193
　　8.2.1　预设图层样式 …………………… 193
　　8.2.2　自定图层样式 …………………… 194
　　8.2.3　复制图层样式 …………………… 194
　　8.2.4　清除图层样式 …………………… 195
8.3　蒙版 ………………………………… 195
　　8.3.1　图层蒙版 ………………………… 196
　　8.3.2　矢量蒙版 ………………………… 196
　　8.3.3　剪贴蒙版 ………………………… 196
　　8.3.4　快速蒙版 ………………………… 197
8.4　创建文本 …………………………… 197
　　8.4.1　创建点文本 ……………………… 197
　　8.4.2　创建段落文本 …………………… 198
　　8.4.3　创建文本选区 …………………… 199
8.5　设置文本 …………………………… 199
　　8.5.1　设置文本格式 …………………… 200
　　8.5.2　设置文本变形 …………………… 201
8.6　切片工具 …………………………… 202
　　8.6.1　创建和编辑切片 ………………… 202
　　8.6.2　图像的优化与切片的输出 …… 204
8.7　课堂案例——制作购物网站首页效果图 ………………………… 206
　　8.7.1　练习目标 ………………………… 206
　　8.7.2　操作步骤 ………………………… 207
8.8　本章小结 …………………………… 212
8.9　课后习题——制作化妆品网站首页效果图 ……………………… 212

第9章　使用Flash CS6制作网页动态素材 …………………………… 213

9.1　初识Flash CS6 ……………………… 213
　　9.1.1　中文Flash CS6工作界面 …… 213
　　9.1.2　Flash CS6的基本操作 ……… 215
9.2　Flash CS6动画制作基础 ………… 217
　　9.2.1　动画制作原理 …………………… 217
　　9.2.2　Flash动画的种类 ……………… 217
　　9.2.3　编辑对象 ………………………… 218

9.2.4	演示动画制作 ··············	219
9.3	动画中的图层 ················	221
9.3.1	图层的概念 ··············	222
9.3.2	图层的类型 ··············	222
9.3.3	图层的基本操作 ··········	223
9.4	动画中的帧 ··················	224
9.4.1	帧的种类及创建 ··········	224
9.4.2	帧的基本操作 ············	225
9.5	动画中的元件 ················	226
9.5.1	创建元件 ················	226
9.5.2	将对象或动画转换为元件 ···	228
9.5.3	编辑元件 ················	229
9.6	课堂案例——制作草原发电厂动画 ··················	240
9.6.1	练习目标 ················	240
9.6.2	操作步骤 ················	240
9.7	本章小结 ····················	245
9.8	课后习题——制作"新春快乐"动画 ······················	245

第10章 使用 Flash CS6 制作动画 ··· 246

10.1	补间动画 ····················	246
10.1.1	传统补间动画和补间动画的区别 ··················	247
10.1.2	传统补间动画 ············	247
10.1.3	补间动画 ················	247
10.1.4	形状补间动画 ············	250
10.2	引导动画 ····················	252
10.2.1	引导动画的基本知识 ······	252
10.2.2	引导动画的制作方法 ······	253
10.3	遮罩动画 ····················	254
10.3.1	遮罩动画的作用 ··········	254
10.3.2	创建遮罩动画 ············	254
10.4	课堂案例——制作按钮控制的引导动画 ················	256
10.4.1	练习目标 ················	256
10.4.2	操作思路 ················	256
10.5	本章小结 ····················	257
10.6	课后习题——制作地球自转的遮罩动画 ················	257

第11章 综合案例——制作"最美瞬间摄影工作室"网站首页 ·················· 258

11.1	网站目标 ····················	258
11.2	案例分析 ····················	259
11.3	制作过程 ····················	259
11.3.1	使用 Photoshop CS6 制作网站首页 ··················	259
11.3.2	使用 Flash CS6 制作网站动画 ····················	265
11.3.3	使用 Dreamweaver CS6 制作页面 ····················	268

第 1 章　网页制作与网站建设基础知识

学习要点：

- Internet 基础知识
- 网页和网站的概念
- HTML 文件的基本结构
- 网页制作工具
- 网站制作的基本流程

学习目标：

- 了解 Internet 上的常用名词术语
- 掌握网页和网站的基本概念
- 掌握 HTML 文件的基本结构
- 学会使用 HTML 的常用标记制作简单网页
- 了解常见的网页制作工具
- 了解网页制作的基本流程

导读：

随着网络的蓬勃发展，互联网满足了人们的大部分需求，如信息的查询、娱乐、学习、购物等，网络已成为人们生活中必不可少的一部分，网站、网页作为人们浏览网上资源的载体，也越来越多地得到人们的关注。为了使初学者对网站有一个总体的认识，本章首先介绍网络基础知识，网页、网站的概念，帮助初学者了解网络中的常用名词术语，接着介绍了网页的基本语言——HTML 语言，最后简要阐述了常用的网页制作工具和网站开发流程。

1.1　网络基础知识

1.1.1　Internet 基础知识

网页制作与网络有关，在学习网页制作之前，首先介绍 Internet 的基础知识、网页和网站的基本概念等预备知识。

1. WWW

WWW（World Wide Web）被译为万维网，或者全球信息网。以 Internet 为基础的计算机网络，它允许用户在一台计算机中通过 Internet 读取另一台计算机上的信息。从技术角度上说，WWW 是一种软件，是 Internet 上那些支持 WWW 协议和超文本传输协议（HyperText

Transport Protocol，HTTP）的客户机与服务器的集合。通过它可以读取世界各地的超媒体文件，包括文字、图形、声音、动画、资料库及各式各样的内容。

2. 浏览器

浏览器指在用户计算机上安装的、用来显示指定 Internet 文件的程序或者软件。浏览器是 WWW 的窗口，用户可以利用浏览器从一个文档跳转到另一个文档，实现对整个网站的浏览，也可利用它下载文本、声音、动画、图像等资料。图 1-1 所示是 IE11 浏览器的界面。

图 1-1　IE11 浏览器界面

IE11 浏览器的界面主要由标题栏、菜单栏、工具栏、地址栏、网页浏览区、状态栏、滚动条等部分组成。可以看出，IE11 较之前的版本，界面越来越友好，主要的组成部分未发生变化。当然，除了 IE 浏览器之外，还有很多浏览器，图 1-2 所示为常见浏览器的图标，分别是谷歌、火狐、360 安全、傲游、Netscape、Opera、Safari、世界之窗、腾讯 TT、猎豹，不同浏览器的界面略有区别，功能大同小异。

图 1-2　常见的浏览器图标

3. IP 地址

IP 地址（Internet Protocol Address），即互联网协议地址或者网际协议地址。IP 地址是 IP 协议提供的一种统一格式的地址，它为互联网上的每一个网络和每一台主机分配一个逻辑地址，以此来屏蔽物理地址的差异。

IP 地址用于标识网络中的一台计算机。IP 地址通常以两种方式表示：二进制数和十进制数。在计算机内部，IP 地址用 32 位二进制数表示，每 8 位为一段，共 4 段，如 10000011.01101011.00010000.11001000；为了方便使用，通常将每段二进制数转换为十进制数，上述 IP 地址转换成十进制后为 130.107.16.200。

4. 域名

域名指互联网上具有自然语言特征、方便记忆的文本字符串，如 www.baidu.com。域名系统的结构是层次型的，以若干英文字母和数字组成的，中间由"."分隔成几个层次，从右到左依次为顶级域、二级域、三级域等。

目前互联网上的域名体系中共有三类顶级域名：类别顶级域名、地理顶级域名和新顶级域名。

- 第一类是类别顶级域名，共有 7 个：.com（用于商业公司）；.net（用于网络服务）；.org（用于组织协会等）；.gov（用于政府部门）；.edu（用于教育机构）；.mil（用于军事领域）和 .int（用于国际组织）。
- 第二类是地理顶级域名，共有 243 个国家和地区的代码，例如 .cn 代表中国，.uk 代表英国等。
- 第三类顶级域名，也就是所谓的"新顶级域名"，也包含 7 类：biz（商业），info（信息行业），name（个人），pro（专业人士），aero（航空业），coop（合作公司），museum（博物馆行业）。其中前 4 个是非限制性域，后 3 个是限制性域。

5. URL

URL（Universal Resource Locator）被译为统一资源定位器。在 Internet 上，每个站点及站点上的每个网页都有一个唯一的地址，这个地址称为资源定位地址，向浏览器输入 URL，可以访问 URL 指出的 Web 网页。

URL 的结构如下。

通信协议://服务器名称【:通信端口编号】/文件夹1/【文件夹2…】/文件名

常见的通信协议如 HTTP 超文本传送协议（Hypertext Transfer Protocol），它详细规定了浏览器和万维网服务器之间互相通信的规则，它作为通过因特网传送万维网文档的数据传送协议，是万维网（World Wide Web）交换信息的基础。

它允许将超文本标记语言（HTML）文档从 Web 服务器传送到 Web 浏览器。HTML 是一种用于创建文档的标记语言，这些文档包含到相关信息的链接。通过单击一个链接来访问其他文档、图像或多媒体对象，并获得关于链接项的附加信息。

1.1.2 网页和网站

网页是用 HTML 语言编写，通过 WWW 传播，并被 Web 浏览器翻译成为可以显示出来的集文本、超链接、图片、声音和动画、视频等信息元素为一体的页面文件，是 WWW 的基本文档。其中，访问网站时第一个出现的页面称为主页（Home Page），主页一般被命名为 index.html 或 default.html。图 1-3 显示的是"清华大学"网站的主页。

根据程序是否在服务器端运行，网页分为静态网页和动态网页两种。

图1-3 "清华大学"主页

1. 静态网页

在网站设计中，早期的网站一般都是由静态网页组成的，静态网页指纯HTML格式的文件，扩展名为.htm或.html。静态网页上可以有一些动态效果，如Flash、GIF格式的图片等。一经制成，内容就不会再变化。如果要修改网页，就必须修改源代码，并重新上传到服务器。静态网页的特点如下。

- 每个网页都是独立的文件，内容相对稳定。
- 没有数据库的支持，后期维护工作量大。
- 交互性差，功能方面有较大的限制。

2. 动态网页

在网站设计中，采用了动态网站技术生成的网页称为动态网页。动态网页文件不仅含有HTML标记，而且含有程序代码，这种网页的扩展名根据程序设计语言的不同而不同，如ASP文件的扩展名为.asp，JSP文件的扩展名为.jsp。动态网页能够根据不同的时间、不同的来访者而显示不同的内容，根据用户的即时操作和即时请求，内容也会发生相应的变化。动态网页的特点如下。

- 每个文件并没有独立存在于服务器，只有当用户请求时才返回一个完整的网页。
- 以数据库技术为基础，大大降低了后期维护的工作量。
- 交互性增强，实现了更多的功能，如常见的用户注册、登录、留言板、聊天室等。

提示：

静态网页与动态网页的根本区别在于动态网页的程序都是在服务器端运行，最后把运行的结果返回到客户端浏览器上并显示，静态网页是事先做好的，直接通过服务器传递给客户端浏览器。

3. 网站

网站就是把一个个网页系统链接起来的集合。根据网站所提供的服务，人们可以把网站分为门户类网站、企业品牌类网站、交易类网站、休闲娱乐类网站、办公及政府机构网站等。

- 门户类网站：门户类网站是一种综合性网站，涉及的领域非常广泛，包含新闻、文学、音乐、影视、娱乐、体育等内容。绝大多数网民通过门户类网站来寻找自己感兴趣的资源。国内著名的门户类网站有新浪、搜狐、网易等。图1-4所示是网易网站的首页。

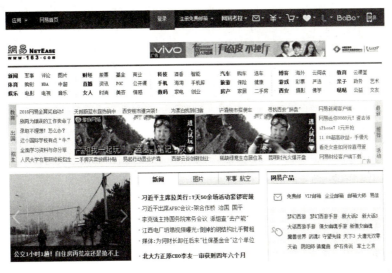

图1-4 "网易"门户网站

- 企业品牌类网站：企业品牌类网站作为企业的名片越来越受到人们的重视，成为企业在互联网上展现公司形象和企业产品、进行经营活动的平台和窗口。通过企业网站，可以有效地扩大社会影响，提高企业知名度。图1-5所示是海尔集团的官方网站。
- 交易类网站：随着互联网的不断发展，网上购物已经成为一种时尚。丰富多彩的物品资源、实惠的价格、快捷的物流使得"网购"成为人们的首选。目前，国内涌现出了越来越多的交易类网站。图1-6所示是当当网购物网站。

图1-5 "海尔"企业网站

图1-6 "当当"购物网站

- 休闲娱乐类网站：休闲娱乐类网站大多以提供娱乐信息和流行音乐为主，如在线游戏网站、电影类网站、音乐网站等。图1-7所示是"酷狗音乐"娱乐网站。
- 办公及政府机构网站：办公及政府机构网站多以机构的形象宣传和政府服务为主，网站内容相对专一、功能明确、受众面较为明确。图1-8所示是"陕西人事考试网"网站。

图 1-7 "酷狗音乐"娱乐网站　　　　　图 1-8 "陕西人事考试网"网站

1.2 HTML 概述

1.2.1 什么是 HTML

1. HTML 定义

HTML（Hypertext Mark-up Language）被译为超文本标记语言，主要用来创建与系统平台无关的网页文档，它不是编程语言，而是一种描述性的标记语言。使用 HTML 可以创建能在互联网上传输的网页，这种文件以 ".htm" 或者 ".html" 为扩展名，是一种纯文本文件，可以使用记事本、写字板等文本编辑器来进行编辑，也可以使用 Frontpage、Dreamweaver 等网页制作软件进行快速创建与编辑。所有网页软件都是以 HTML 语言为基础。

2. Web 工作原理

浏览器（Browser）是一个 HTML 的"翻译官"，它阅读 HTML 网页，并解释其含义，然后将解释结果显示在屏幕上。所以说，浏览器其实是一种专用于解读网页文件的软件，从服务器传送至客户端的页面经浏览器解释后，用户才能看到图文并茂的页面信息，如图 1-9 所示。

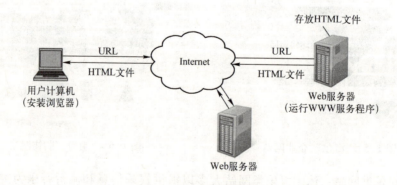

图 1-9 Web 工作原理图

3. HTML 的发展史

自从 HTML 1.0 版本发布以后，浏览器开发商陆续加入了更具有装饰效果的各种属性和标签，使得 HTML 语言越来越复杂。其中，XHTML（Extensible HyperText Markup Language）译为可扩展的超文本标记语言，是以 HTML 4.01 为基础而发展出的更为严谨的一种标记语言，是 HTML 的一种过渡语言。

此外，为了解决 HTML 复杂化的问题，推出了负责装饰性工作的 CSS（层叠样式表）。目前的 HTML 版本是 5.0。图 1-10 列出了 HTML 的发展历程。

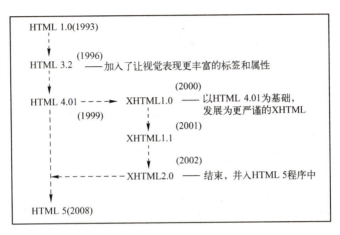

图 1-10　HTML 语言发展史

1.2.2　HTML 文件的基本结构

1. HTML 的语法

标记符，又称标签，是 HTML 的基本元素，浏览器根据标记符决定网页的实际显示效果。HTML 文件使用标记编写文件。所有标记均由尖括号"＜＞"括起来，标记分单标记和双标记两种。如<hr/>为单标记，只有一个起始标记，表示一条水平线；<b>…</b>为双标记，其中，前一个<b>是起始标记，后一个</b>是结束标记，两个标记之间是执行此指令的内容，其中<b>是加粗的含义。

对标记符作用对象的详细控制，需要在起始标记符中加入相关的属性来实现。属性与标记符之间需用空格分隔，每一属性都有与之相应的属性值，所有的属性值均应该用英文状态下的双引号" "括起来，格式如下。

双标记：<标记符　属性1="属性值"　属性2="属性值"　…>　…</标记符>

单标记：<标记符　属性1="属性值"　属性2="属性值"　…/>

2. 基本结构

HTML 文件以<html>标记开始，以</html>标记结束，其中<html>表示文档的开始，</html>表示文档的结束。在这两个标记之间，网页被分为头部（head）和主体（body）两部分，如图 1-11 所示。

（1）<head>标记

<head>…</head>用来描述文档的头部信息，如页面的标题、作者、摘要、关键词、版权、自动刷新等信息。注意，头部信息并不会出现在浏览器的窗口中。<head>标记中经常出现的标记如下。

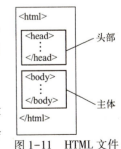

图 1-11　HTML 文件的基本结构

<title>…</title>：用来描述网页文档的标题。

<meta/>：用来描述文档的编码方式、摘要、关键字、刷新时间等，这些内容不会显示在网页上。其中，网页的摘要、关键字是为了使搜索引擎能对网页内容的主题进行识别和分类。文档刷新属性可以设置网页经过一段时间后自动刷新或转到其他的 URL 地址。

例如跳转到其他 URL，网页经过 10s 后转到 http://www.sina.com。

```
<head>
    <meta http-equiv="Refresh" content="10"URL=http://www.sina.com />
</head>
```

(2) <body>标记

正文标记<body>表示文档主体的开始和结束。其不同的属性用于定义页面主体内容的不同表达效果，常见属性如下。

➢ bgcolor：用于定义网页的背景色。
➢ background：用于定义网页背景的图像文件。
➢ text：用于定义正文字符的颜色，默认为黑色。
➢ link：用于定义网页中超级链接字符的颜色，默认为蓝色。
➢ lin：用于定义网页中已被访问过的超链接字符的颜色，默认为紫红色。
➢ alink：用于定义被鼠标选中，但未使用时超链接字符的颜色，默认为红色。

例如，<body bgcolor="black" text="white" >或者<body bgcolor="#000000" text="#FFFFFF" >都将定义网页的背景颜色为黑色，正文字体颜色为白色的网页文档。

提示：

网页中颜色属性值的常用表示方法：①使用颜色的英文名称，如 black（黑色）、blue（蓝色）、green（绿色）、red（红色）、yellow（黄色）、white（白色）等；②使用 6 位十六进制数（0~9，A~F）的 RGB 代码表示，且在每种颜色代码前加"#"。例如，白色为#FFFFFF，黑色为#000000。

1.2.3 HTML 常用标记

1. HTML 中的字体标记

(1) 字形标记

HTML 中的字形标记常用于设置网页中字符的不同显示格式，常见的字形标记如表 1-1 所示。

表 1-1 常见字形标记

…	粗体	<u>…</u>	加下画线
<i>…</i>	斜体	[…]	上标字符
<big>…</big>	大字体	_…	下标字符
<small>…</small>	小字体	<s>…</s>	加删除线

(2) 标题标记

HTML 中使用<h1>…</h1>、<h2>…</h2>…<hn>…</hn>定义段落标题的大小，其中

n 最大为 6，相应的<h1>到<h6>分别表示一级标题到六级标题，一级标题表示的字体最大，六级标题表示的字体最小。

（3）字体标记

<font>…</font>标记用于定义网页中的文字字体的字体、大小、颜色。常用的 3 个属性有 face、size 和 color。其中 size 的属性值为 1~7；颜色的属性值使用颜色的英文名称或十六进制的 RGB 代码表示。例如，

<font face="楷体" size="2" color="red">你好</font>

2. HTML 中的正文布局标记

（1）段落标记<p>

<p>…</p>指出一个新段落的开始，其后内容从新的一行开始，并与上段之间有一个空行，可以使用 align 属性定义新开始的一行内容在页面中的对齐位置，属性值可以是 left、center 或者 right。例如，

<p align="center">…</p>

（2）换行标记

单标记符，用于使文本从新的一行显示，它不像段落标记<p>那样会产生一个空行，但连续多个的
可以产生多个空行的效果。

（3）水平线标记<hr/>

<hr/>单标记符，用于产生一条水平线，以分隔文档的不同部分。常用的属性有 size、width、color，分别用于定义水平线粗细、宽度、颜色。

（4）段落对齐标记<center>和<div>

<center>…</center>标记可使在其之间的内容居中显示。<div>…</div>标记用于文档分节，以便为文档的不同部分应用不同的段落格式，<div>标记符要使用属性 align 来控制段落对齐格式，属性值为 left、right、center、justify。

3. 图像标记<img/>

<img/>单标记符，实现在网页中插入图片。该标记符的常用属性有 src、alt、width、height、border、align 等，其含义如下所示。

➢ src：用于定义图像文件的源地址（可使用相对地址或者绝对地址）。
➢ width：用于定义图像在页面上显示的宽度。
➢ height：用于定义图像在页面上显示的高度。
➢ alt：用于定义图像的说明文字。
➢ border：用于定义图像边框像素值，默认为 0，即没有边框。
➢ align：当图像与文字混排时，可使用 align 属性说明文字与图像的对齐方式。其中，top 表示顶部对齐，middle 表示居中，bottom 表示底部对齐（默认值），left 表示图像居左，right 表示图像居右。

提示：

➢ 绝对地址：指提供了链接文档的完整的 URL 地址，包括协议名称 。如 http://www.sina.com.cn/news/1.html。
➢ 相对地址：以当前目录为参照，表示使用文件相对于当前目录的路径，如："./"或者不带任何符号表示所引用的文件（或目录）与当前 HTML 页面处于同一目录；

9

"../"表示上一级目录。

4. 滚动文字标记\<marquee\>

\<marquee\>…\</marquee\>可使在其之间的内容实现滚动效果，该标记符的常用属性有 direction、behavior、height、width、vspace、hspace、loop、scrollamount、onmouseout、onmouseover 等，其含义如下所示。

- direction：用于定义对象滚动的方向，属性值有 up、down、left、right，分别表示向上滚动、向下滚动、向左滚动、向右滚动。
- behavior：用于定义对象滚动的方式，属性值有 alternate、scroll、slide，分别表示来回滚动、一端到另一端（重复）、一端到另一端（不重复）。
- height：用于定义对象滚动的高度，单位是像素。
- width：用于定义对象滚动的宽度，单位是像素。
- vspace：用于定义对象所在位置距垂直边的距离。
- hspace：用于定义对象所在位置距水平边的距离。
- loop：用于定义对象滚动次数。
- scrollamount：用于定义对象滚动速度。
- onmouseout：用于定义鼠标指针移出该区域时对象的滚动状态，常见的属性值有 this.start( )、this.stop( )，分别表示开始滚动、停止滚动。
- onmouseover：用于定义鼠标指针移到该区域时对象的滚动状态，常见的属性值见 onmouseout。

5. \<embed\>标记

\<embed\>可以用来插入各种多媒体，格式可以是 MIDI、WAV、AIFF、AU、MP3 等，Netscape 及新版的 IE 都支持。该标记符的常用属性有 src、loop、volume、autostart 等，其含义如下所示。

- src：用于定义多媒体文件的源地址（可使用相对地址或者绝对地址）。
- loop：用于定义音频或视频文件是否循环及循环次数，属性值为正整数、true、false。正整数值表示音频或视频文件的循环次数；true 表示音频或视频文件循环播放；false 表示音频或视频文件不循环播放。
- volume：用于定义音频或视频文件的音量大小，属性值为 0~100 之间的整数。
- autostart：用于定义音频或视频文件是否在下载完之后就自动播放，属性值为 true、false。true 表示音乐文件在下载完之后自动播放，false 表示音乐文件在下载完之后不自动播放。

1.3 网页制作工具

网页制作工具就是采用更加直观、简单的方式制作网页，通常的网页制作工具有 Dreamweaver、Photoshop、Flash 等，下面将主要介绍这 3 种工具的特点及其功能。

1.3.1 Dreamweaver CS6

Dreamweaver CS6 是美国 Adobe 公司于 2012 年 4 月 24 日开发的集网页制作和管理网站

于一身的所见即所得的网页编辑工具。它支持代码、拆分、设计、实时视图等多种方式来创作、编写和修改网页（通常是标准通用标记语言下的一个应用 HTML），对于网站制作人员，无须编写任何代码就能快速创建 Web 页面。可以说，其强大的网页编辑功能和完善的站点管理机制，是其成为网页制作的主流工具的一个重要原因。图 1-12 所示的是使用 Dreamweaver CS6 设计网页的效果。

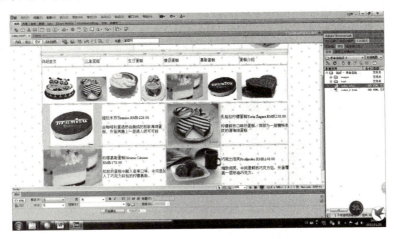

图 1-12　使用 Dreamweaver CS6 设计网页的效果

1.3.2　Photoshop CS6

Adobe Photoshop 是目前功能最为强大、应用最为广泛的图形图像编辑软件，它具有同类产品所无法比拟的优越性能，已经成为桌面出版、图像处理及网络设计领域中的行业标准。Adobe Photoshop CS6 是 Adobe Photoshop 的第 13 代，是一款功能强大的版本。Photoshop 在前几代加入了 GPU OpenGL 加速、内容填充等新特性，加强了 3D 图像编辑，采用新的暗色调用户界面，其他改进还有整合 Adobe 云服务、改进文件搜索等。图 1-13 所示的是使用 Photoshop CS6 设计图像的效果。

图 1-13　使用 Photoshop CS6 设计图像的效果

1.3.3 Flash CS6

Flash CS6 亦是 Adobe 公司推出的目前应用最广泛的一款动画设计与制作软件，具有存储容量小、交互性强、便于网络传播、制作成本低等优点。其在各种商业动画设计领域中具有无可替代的地位。其中，Flash CS6 能以 Flash Professional CS6 的核心动画和绘图功能为基础，利用新的扩展功能创建交互式 HTML 内容；生成 Sprite 表单；锁定 3D 场景，增强渲染效果以及增加了智能形状和设计工具，方便更精确高级绘制。图 1-14 所示的是使用 Flash CS6 制作的动画。

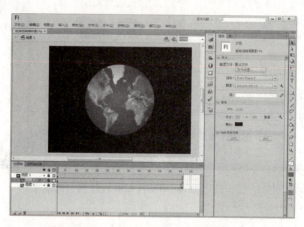

图 1-14 使用 Flash CS6 制作的动画

1.4 网页制作的基本流程

网站规划及网页设计是一个复杂的过程，通常包括网站分析、设计与制作、网站测试、发布及维护 4 个环节，每个环节都涉及了许多内容。

1. 网站分析

这一阶段的主要任务是收集、研究用户需求，讨论网页主题、内容、网站的基本功能，了解网站可能服务的对象和他们的需求，为用户提供所需的产品或服务。

2. 设计与制作

网页设计环节是网页设计与制作的关键环节，其主要内容包含以下几个方面。

➢ 收集素材。通常情况下，网站主题确定下来之后，就要通过各种途径尽可能多地收集相关的图片、声音及文字等多媒体信息。

➢ 确定网页版式。精确的布局、规范的版式，会给人难忘的印象。网站的布局灵活多样，常见的版式如"国"字形布局、"匡"字形布局、"川"字形布局等。

➢ 进行网页可视化设计。设计人员根据获得的资料信息，通过草图，借助于网页开发工具，进行主页和其他网页的版面设计、色彩的设计、HTML 布局和导航设计、相关图像的制作与优化等。

3. 网站测试

网站制作完成后要进行全面、有效的测试。影响浏览者浏览网页的因素有很多，例如，系统平台的不同、连接速度的不同、访问方式的不同、浏览器版本的不同等都会影响网页的显示效果，相应的测试内容也就包括了速度、兼容性、交互性、连接正确性和内容方面的错误，以及超流量测试等，测试过程中发现问题要及时纠正、补充、完善后形成正式的网页。

4. 发布及维护

经过测试的网站就可以上传发布了。所谓网站发布，就是指将已经制作完成的网站上传到已经开通的网站空间上去。网站上传完毕，就开始了漫长的网站维护阶段。网站的维护一般包括内容的维护与版面的维护两种。内容的维护一般由客户自行完成，根据企业活动需要，利用网站提供的后台管理功能，随时向网站页面上添加内容；版面维护，即通常说的改版，网站运营一段时间以后，为了继续吸引用户访问，改变网站的首页风格。

用户上网的主要目的是获取最新的信息，只有不断更新网站中的内容和版式，才能持续吸引访问者。

1.5 课堂案例——个人主页制作

1.5.1 案例目标

在记事本上输入 HTML 代码，保存为 1_1.html 网页文件，效果如图 1-15 所示。

图 1-15 使用记事本制作的网页效果

素材所在位置：……\ 素材 \ 课堂案例 \ 案例素材 \ No1 \ ……
效果所在位置：……\ 素材 \ 课堂案例 \ 案例效果 \ No1 \ ……

1.5.2 操作思路

HTML 代码如下：

```
<html>
<head>
<title>我的第二个网页</title>
```

```
</head>
<bodybgcolor="black"   text="white">
<p align="center"><h1 align="center"><img src="17.gif"   alt="爱心"    title="气球摇啊摇"\
>欢迎进入我的个人主页<img src="17.gif"    alt="爱心"    title="气球摇啊摇"\></h1></p>
<hr/>
<font face="楷体"  size="5"   color="yellow">人生一世,糊涂难得,难得糊涂。活得过于清醒的
人,反倒是糊涂的;活得糊涂的人,其实才是清醒的。糊涂一点,才会有大气度,才会有宽容之心,
才能平静地看待世间的纷纷扰扰;糊涂一点,才能超越世俗功利,善待世间一切,身居闹市而心怀
宁静;糊涂一点,才能参透人生,超越生命,天地悠悠,顺其自然。</font><br/>
<p align="center">
      <img src="16.jpg"    alt="飞机"    title="我的飞机" width="186" height="188"\
      <img src="4.jpg"     alt="老虎"    title="森林之王" width="186" height="188"\
      <img src="15.jpg"    alt="玫瑰"    title="玫瑰蛋糕" width="186" height="188"\
      <img src="8.jpg"     alt="树"      title="开花结果" width="186" height="188"\></p>
<p align="center"><font face="华文行楷" size="5"   color="purple">风雨兼程步暮年,满目青
山不老松,青山依旧在,人已近黄昏,夕阳依然无限好。</font></p>
<hr color="yellow"  width="800"/>
<p align="center">
<marquee direction="up" vspace="20" hspace="540" onmouseout="this.start()" onmouseover="
this.stop()">回顾流失的岁月<br/>父辈们走过的历程和经历的坎坷<br/>
是历史岁月的一面旗帜<br/>是我们人生路上的一面镜子<br/>更是我们儿辈前进方向上的路标
和灯塔</marquee>
</p>
</body>
</html>
```

1.6 本章小结

网页设计与制作是一门动手性很强的课程,需要大量的实践。本章从网站的基础知识讲起,介绍了HTML的基本结构、常用标记,以及通过案例讲解了使用HTML来制作简单网页,随后又介绍了当前主流的网页制作工具,以及网站开发流程,为网站开发者,尤其是初学者学习网页制作提供了预备知识。

1.7 课后习题

1. 什么是IP地址、域名、统一资源定位器?
2. 什么是HTML?它的基本结构是什么?
3. 常见的浏览器都有哪些?下载并安装一个浏览器,体会与IE浏览器的区别。
4. 应用HTML常用标记编写一个简单的网页(内容自定义)。
5. 网站设计需要哪几个阶段?各阶段的任务是什么?

第 2 章　使用 Dreamweaver CS6 创建网页文档

学习要点：

- 认识 Dreamweaver CS6
- 创建和管理站点
- 新建、保存、打开、预览网页
- 设置页面属性和元素信息

学习目标：

- 掌握 Dreamweaver CS6 的使用方法
- 掌握创建和管理站点的方法
- 掌握网页文档的基本操作

导读：

Dreamweaver 是 Adobe 公司开发的一款具有可视化编辑界面的网站开发工具，对于初级人员而言，尤其容易上手，因为用它创作和编辑 Web 页面时无须编写任何代码就可以快速地实现。本章将带领读者初步认识 Dreamweaver CS6 的界面、辅助工具等相关知识。读者可以通过熟悉该软件来掌握创建和管理站点及网页文档的基本操作。

2.1　熟悉 Dreamweaver CS6 工作界面

读者在使用 Dreamweaver CS6 进行网页制作之前，首先要对 Dreamweaver CS6 的工作界面进行全面的熟悉。

2.1.1　工作界面的组成

在安装了 Dreamweaver CS6 之后，选择"开始"→"程序"→"Adobe"→"Adobe Dreamweaver CS6"命令，即可启动软件。首次打开软件会提示关联文件，使用默认选项即可。Dreamweaver CS6 在经过一系列初始化后，显示欢迎屏幕，如图 2-1 所示，用户可以选择"打开最近的项目""新建""主要功能"组中的选项来新建不同类型的网页文件。

操作点拨：

用户可以执行"编辑"→"首选参数"命令，打开"首选参数"对话框，在"常规"分类中撤销选中"显示欢迎屏幕"复选框，可以取消在启动软件后显示欢迎屏幕。

用户新建或打开网页文档后，即可进入工作界面，如图 2-2 所示。Dreamweaver CS6 的工作界面包括标题栏、菜单栏、状态栏、"属性"面板、浮动面板组等。

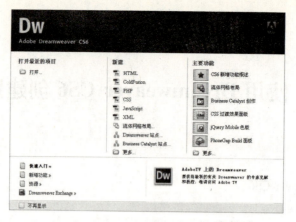

图 2-1　Dreamweaver CS6 欢迎屏幕

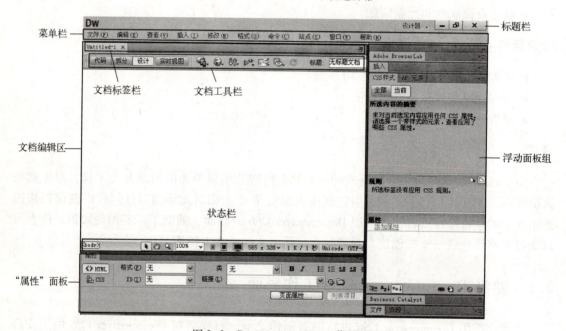

图 2-2　Dreamweaver CS6 工作界面

操作点拨：

操作界面的这些构成部分也可以根据用户的需要在"查看"菜单和"窗口"菜单来调节显示或不显示。

1. 菜单栏

Dreamweaver CS6 的菜单栏包括文件、编辑、查看、插入、修改、格式、命令、站点、窗口和帮助菜单，如图 2-3 所示。

图 2-3　菜单栏

菜单栏上的每一项都有子菜单，其中的每个菜单命令都可以进行一些相关的命令执行或属性的设置。

文件：用来管理文件，例如新建、打开、保存、另存为等。
编辑：用来编辑文本，例如剪切、复制、粘贴、查找、替换和参数设置，以及对 Dre-amweaver 软件中"首选参数"的访问。
查看：用来切换网页文档的视图模式，以及显示和隐藏标尺、网格线等辅助视图功能。
插入：用来插入网页中的各类元素，例如图像、多媒体文件、表格、框架及超链接等。
修改：具有对页面元素修改的功能，例如进行表格中单元格的合并与拆分等。
格式：用来对文本进行操作，例如设置文本格式等。
命令：包含所有附加命令项。
站点：用来创建和管理网站站点。
窗口：用来显示和隐藏各面板，以及切换工作区的布局等。
帮助：具有联机帮助功能。

2. 文档编辑区

文档编辑区是用户对网页文档进行操作的主要工作区域，包含文档标签栏、文档工具栏、文档窗口、文档状态栏，如图 2-4 所示。

图 2-4　文档编辑区

文档标签栏：其左侧显示当前打开的网页文档的文件名及关闭文档的按钮，右侧显示文档的保存路径及向下还原文档窗口的按钮，如图 2-5 所示。

图 2-5　文档标签栏

文档工具栏：可以使用户快速地切换文档的视图模式，设置网页标题，在浏览器中预览等。按钮具体功能如图 2-6 所示。

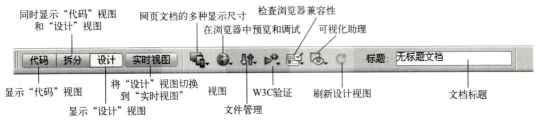

图 2-6　文档工具栏各按钮功能

文档窗口：打开或新建一个网页文档后，用户就可以在文档窗口中进行编辑文字、插入表格、编辑图像等操作。文档窗口可以分为代码视图、拆分视图和设计视图3种方式，如图2-7所示。

图2-7 文档窗口的3种视图方式

操作点拨：

"设计"视图是一个用于可视化页面布局、可视化编辑和快速应用程序开发的设计环境。在该视图中，用户编辑的文档基本上和在浏览器中查看到的页面内容一致，体现了Dreamweaver CS6的所见即所得的特点。"代码"视图是一个用于编写和编辑HTML、JavaScript、服务器语言代码及任何其他类型代码的手工编码环境。"拆分"视图可以在单个窗口中同时看到同一文档的"代码"视图和"设计"视图。

文档状态栏：显示与当前所打开文档相关的一些信息，各按钮功能如图2-8所示。

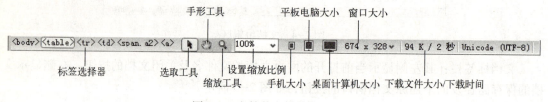

图2-8 文档状态栏各按钮功能

3．"属性"面板

"属性"面板用来设置页面上正被编辑对象的相关属性。"属性"面板会根据用户选择的对象来变换面板中的信息。例如，当前选择了一幅图像，那么"属性"面板上就出现该图像的相关属性；如果选择了表格，那么"属性"面板会相应地变换成表格的相关属性，初始情况下显示文档的基本属性信息，如图2-9所示。

图2-9 "属性"面板

4．浮动面板组

界面中的其他面板都可以浮动于编辑窗口之外，这些面板根据功能进行了分组。用户可以在"窗口"菜单中选择不同的命令打开与关闭所需要的面板,如图 2-10 所示。

图 2-10　浮动面板组

2.1.2　可视化辅助工具

要想使用 Dreamweaver CS6 设计出更精美的网页,更准确地摆放网页中的素材位置,Dreamweaver 提供了各种辅助工具。使用这些辅助工具,能够得心应手地制作网页,提高网页制作效率。

1. 标尺

利用标尺可以精确地计算出所编辑的网页的宽度和高度,计算出页面中的图片、文字等页面元素与网页的比例,使用户设计出的网页能够更符合浏览器的显示尺寸要求。标尺显示在编辑窗口的左边框和上边框中,单位可设置为像素、英寸、厘米。在默认情况下,标尺的单位是像素。

操作点拨:

执行"查看"→"标尺"→"显示"命令,即可打开和关闭标尺。

标尺原点默认位于编辑窗口的左上角,在该处按住鼠标左键不放拖动,即可将标尺原点拖动到编辑窗口中的任一点,如图 2-11 所示。

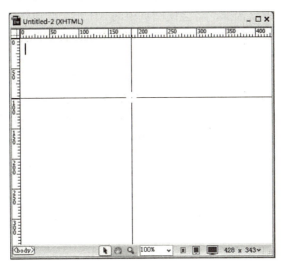

图 2-11　拖动标尺原点

操作点拨:

如要将标尺原点恢复到默认左上角的位置,执行"查看"→"标尺"→"重设原点"命令即可。

2. 网格线

网格线主要是针对 AP 元素进行绘制、定位、大小调整的可视化操作。借助网格线，可以使页面元素在被移动后自动对齐。

操作点拨：

若要将网格线显示在编辑窗口中，执行"查看"→"网格"→"显示网格"命令，如图 2-12 所示。

若要使网页中的 AP 元素自动对齐到网格线上，执行"查看"→"网格"→"靠齐到网格"命令即可，如图 2-13 所示。

 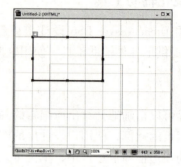

图 2-12　显示网格线　　　　　　　图 2-13　靠齐到网格

执行"查看"→"网格"→"网格设置"命令，打开了"网格设置"对话框，如图 2-14 所示，其具体参数解释如下。

"颜色"：设置网格线的颜色。

"显示网格"：切换复选框选中状态，将会显示与隐藏网格线。

"靠齐到网格"：选中复选框，将会使网页中的 AP 元素自动靠齐到网格线。

"间隔"：设置网格间的间距，后面的下拉列表中可以设置间距的单位。

"显示"：设置网格线显示为线条或点。

3. 辅助线

辅助线与网格线的功能异曲同工，也是用来对齐 AP 元素的，不过使用辅助线比网格更加灵活方便。在一般情况下，辅助线要和标尺搭配使用，使用鼠标可从编辑窗口的左侧或顶部的标尺中拖出一条辅助线到编辑窗口中，如图 2-15 所示。

图 2-14　"网格设置"对话框　　　　图 2-15　拖动辅助线

操作点拨：

执行"查看"→"辅助线"→"显示辅助线"命令，即可显示或隐藏已经绘制好的辅助线。

执行"查看"→"辅助线"→"编辑辅助线"命令，打开"辅助线"对话框，如图 2-16 所示。具体参数解释如下。

"辅助线颜色"：设置辅助线的颜色。

"距离颜色"：当用户把鼠标指针定位在辅助线之间时，将显示一个作为距离指示器的颜色，此项参数就是用来设置这个线条颜色的。

"显示辅助线"：选中该复选框，可以设置辅助线可见。

"靠齐辅助线"：选中该复选框，可以使页面元素在页面中移动时靠齐辅助线。

"锁定辅助线"：选中该复选框，可以将辅助线锁定在当前位置上。

图 2-16 "辅助线"对话框

"辅助线靠齐元素"：选中该复选框，拖动辅助线时将辅助线靠齐页面上的元素。

"清除全部"按钮：单击该按钮，将从页面中清除所有的辅助线。

2.1.3 设置首选参数

在使用 Dreamweaver CS6 制作网页之前，可以结合自己的需要来定义该软件的使用规则。这些规则可以通过设置首选参数来实现。执行"编辑"→"首选参数"命令，打开"首选参数"对话框，如图 2-17 所示。

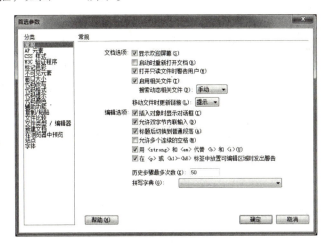

图 2-17 "首选参数"对话框

1．"常规"分类

在"常规"分类中可设置文档选项和编辑选项。如选中"允许多个连续的空格"复选框，将允许使用〈Space〉键来输入多个连续的空格。

2．"复制/粘贴"分类

切换到"复制/粘贴"分类，如图 2-18 所示，在此分类中可以定义粘贴到 Dreamweaver

CS6 文档中的文本格式。

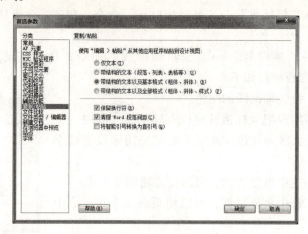

图 2-18 "复制/粘贴"分类

粘贴方式有以下几种。
➢ 仅文本。
➢ 带结构的文本（段落、列表、格式等）。
➢ 带结构的文本以及基本格式（粗体、斜体）。
➢ 带结构的文本以及全部格式（粗体、斜体、样式）。

在设置了一种适用的粘贴方式后，就可以直接选择菜单栏中的"编辑"→"粘贴"命令粘贴文本，而不必每次都选择"编辑"→"选择性粘贴"命令。如需改变粘贴方式，再选择"选择性粘贴"命令进行粘贴即可。

3．"新建文档"分类

切换到"新建文档"分类，如图 2-19 所示。可以在"默认文档"下拉列表中选择默认文档类型，如"HTML"；在"默认扩展名"文本框中输入扩展名，如".html"；在"默认文档类型"下拉列表中选择文档类型，如"XHTML 1.0 Transitional"；在"默认编码"下拉列表中选择编码类型，通常选择"Unicode（UTF-8）"选项。

图 2-19 "新建文档"分类

2.2 创建和管理站点

无论是一个网页制作的新手，还是一个专业的网页设计师，都要从构建站点开始，理清网站结构的脉络。当然，不同的网站有不同的结构，功能也不相同，所以一切都是按照需求组织站点的结构。

接下来将从规划网站开始，向读者介绍如何构思一个网站，规划不同的结构，创建新的站点并设置定义相关的参数，还将介绍如何管理站点文件，将网页元素归类构建结构等内容。

2.2.1 规划站点

网站是多个网页的集合，这种集合不是简单的集合，一般包括一个首页和若干个分页。为了达到最佳效果，在创建 Web 站点页面之前，都要对站点的结构进行设计和规划，决定要创建多少页，每页上显示什么内容，页面布局的外观以及各页是如何互相连接起来的。一般来说，在规划站点结构时，应该遵循以下一些规则。

1. 文件分类保存

网站内容的分类决定了站点中创建文件夹和文件的个数，通常，网站中每个分支的所有文件统一存储在单独的文件夹中，根据网站的大小，又可进行细分。如果把图书室看作一个站点，每架书柜则相当于文件夹，书柜中的书本则相当于文件。

如果是一个复杂的站点，它包含的文件会很多，而且各类型的文件内容页不尽相同。为了能更合理地管理文件，就要将文件分门别类地存储在相应文件夹中。如果将一切网页文件都存储在一个文件夹中，当站点的规模越来越大时，管理起来就会很不容易。

用文件夹来合理构建文档的结构时，应先为站点在本地磁盘上创建一个根文件夹，然后在根文件夹中分别创建多个子文件夹，比如网页文件夹、媒体文件夹、图像文件夹等，接着将相应的文件放在相应的文件夹中。

站点中的一些特殊文件，比如模板、库等最好存储在系统默认创建的文件夹中。

2. 合理命名文件

为了方便管理，文件夹和文件的名称最好要有具体的含义，这点非常重要，特别是在网站的规模变得很大时，若文件名容易理解，那么人们一看就明白网页描述的内容。否则，随着站点中文件的增多，不易理解的文件名会影响工作效率。

综上所述，文件和文件夹命名最好遵循以下原则，以便管理和查找。

- ➢ 汉语拼音：根据每个页面的标题或主要内容，提取主要关键字的拼音作为文件名，如"院系介绍"页面的文件名为"yuanxi.html"。
- ➢ 拼音缩写：根据每个页面的标题或主要内容，提取每个关键字的第一个拼音字母作为文件名，如"院系介绍"页面的文件名为"yxjs.html"。
- ➢ 英文缩写：通常使用专业名词，如"学院主页"页面的文件名为"index.html"。
- ➢ 英文原意：直接将中文名称进行翻译，这种方法比较准确。

以上 4 种命名方式也可结合数字与符号使用。但要注意，文件名开头不能使用数字和符号等，也最好不要使用中文命名，因为很多的 Internet 服务器使用的是英文操作系统，不能对中文文件名提供很好的支持。

2.2.2 管理站点

在 Dreamweaver CS6 中可以有效地建立并管理多个站点，可以导入事先导出的站点（*.ste），也可以通过新建站点完成站点的建立。

1. 新建站点

在新建站点前，首先需要确定制作对象时是直接在服务器端编辑网页，还是在本地计算机编辑网页，然后设置与远程服务器进行数据传递的方式等。静态站点是指不需要服务器支持就能直接运行的网页；本地站点是指将网站文件夹存储在本地，并在本地运行，不需要远程服务器的配合。

选择"站点"→"管理站点"命令，打开"管理站点"对话框，如图 2-20 所示。

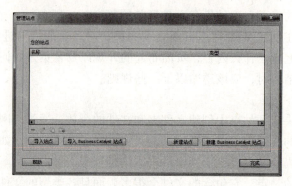

图 2-20 "管理站点"对话框

单击"新建站点"按钮，打开站点设置对象对话框，如图 2-21 所示。在"站点名称"文本框中输入一个站点名称来标识该网站，在"本地站点文件夹"文本框中设置保存网站的文件夹。

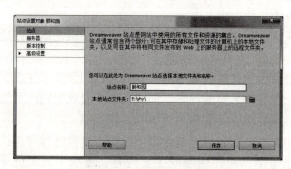

图 2-21 站点设置对象对话框

选择"高级设置"选项，在展开的选项中选择"本地信息"选项，指定默认图像文件夹，如图 2-22 所示。

单击"保存"按钮，弹出"管理站点"对话框，显示出刚建立的站点，如图 2-23 所示。

单击"完成"按钮，Dreamweaver CS6 的"文件"面板显示出刚才建立的站点文件夹的完整结构，如图 2-24 所示，站点创建完成。

图 2-22 设置本地信息

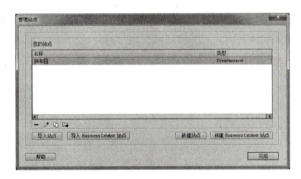

图 2-23 "管理站点"对话框

图 2-24 "文件"面板

2. 编辑站点

编辑站点是指对 Dreamweaver CS6 中已经存在的站点重新进行相关参数的设置。编辑站点的方法：选择"站点"→"管理站点"命令，打开"管理站点"对话框，然后在站点列表框中选择要编辑的站点，如图 2-25 所示，单击"编辑当前选定的站点"按钮，打开站点设置对象对话框，然后根据需要重新设置或修改相关参数即可。

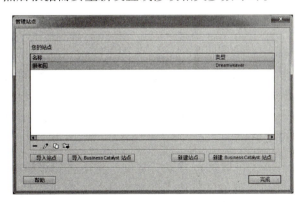

图 2-25 选择要编辑的站点

3. 复制站点

有时会根据需要在 Dreamweaver 中创建多个站点，但并不是所有的站点都必须重新创建。如果新建站点和已经存在的站点有许多参数设置是相同的，可以通过"复制站点"的方法进行复制，然后进行编辑即可。

复制站点的方法：在"管理站点"对话框的站点列表中选择要复制的站点，然后单击"复制当前选定的站点"按钮 ，即可复制一个站点，之后再对复制的站点进行编辑。

4. 删除站点

有些站点已经不再需要了，可以在 Dreamweaver 中将其删除。在"管理站点"对话框中选择要删除的站点，然后单击"删除当前选定的站点"按钮 ，这时将打开提示对话框，如图 2-26 所示，单击"是"按钮将删除该站点。

需要注意的是，在"管理站点"对话框的列表中删除的站点仅仅是删除了在 Dreamweaver CS6 中创建的站点信息，存在硬盘上的文件夹及其中的文件仍然存在。

图 2-26　删除站点提示对话框

5. 导入/导出站点

如果重新安装操作系统，Dreamweaver CS6 中的信息就会丢失，这时可以采取导出站点的方法将站点信息导出。在"管理站点"对话框中选择要导出的站点，然后单击"导出当前选定的站点"按钮 ，打开"导出站点"对话框，设置导出站点文件的路径和文件名称，如图 2-27 所示，然后单击"保存"按钮即可。导出的站点文件的扩展名为"*.ste"。

导出的站点只有通过再次导入 Dreamweaver CS6 中才能恢复其作用。在"管理站点"对话框中单击"导入站点"按钮 导入站点 ，打开"导入站点"对话框，选中要导入的站点文件，单击"打开"按钮，即可导入站点，如图 2-28 所示。

图 2-27　导出站点

图 2-28　导入站点

2.2.3 管理站点中的文件

对建立的文件和文件夹，可以进行移动、复制、重命名和删除等基本的操作。在"文件"面板中选中需要管理的文件或文件夹，然后右击，在弹出的快捷菜单中选择"编辑"命令，即可进行相关操作，"编辑"级联菜单如图 2-29 所示。

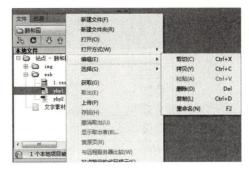

图 2-29 "编辑"级联菜单

2.3 网页文档基本操作

创建好站点后就可以新建网页进行编辑制作了。要想在 Dreamweaver CS6 中制作网页，首先必须掌握在站点中新建和保存网页文档的基本方法。

2.3.1 新建网页文档

在 Dreamweaver CS6 中新建文档通常有以下几种方法。

1. 通过"文件"面板新建文档

用户可以通过下面两种方法之一来新建一个默认名为"untitled-1.html"的文件。

> 在"文件"面板中用鼠标右键单击根文件夹，在弹出的快捷菜单中选择"新建文件"命令，如图 2-30 所示。
> 单击"文件"面板标题栏右侧的"面板菜单"按钮，在打开的菜单中选择"文件"→"新建文件"命令，如图 2-31 所示。

图 2-30 通过快捷菜单新建文档　　图 2-31 通过"文件"面板菜单新建文档

2. 通过欢迎屏幕创建文档

在欢迎屏幕的"新建"组中选择相应选项，可以快速新建相应类型的文件，如图 2-32 所示，选择"新建"→"HTML"命令即可创建一个 HTML 文档。

3. 通过菜单命令创建文档

选择"文件"→"新建"命令，打开"新建文档"对话框，在其中可以根据需要选择相应的选项新建文档，如图 2-33 所示。

图 2-32　通过欢迎屏幕创建文档

图 2-33　"新建文档"对话框

2.3.2　保存、打开网页文档

在编辑文档的过程中要养成随时保存文档的习惯，以免出现意外导致文档内容的丢失。

1. 保存网页文档

要对新建文档进行保存，可选择"文件"→"保存"菜单命令，打开"另存为"对话框，在"保存在"下拉列表框中选择要保存的文件夹，也可以单击"创建新文件夹"按钮新建一个文件夹来作为保存位置。在"文件名"文本框中输入文件名，在"保存类型"下拉列表框中选择相应的文件类型，如图 2-34 所示，最后单击"保存"按钮即可保存文件。

文档被保存后，如果再次对其进行了编辑，可以直接选择"文件"→"保存"菜单命令进行保存，不会打开"另存为"对话框；如果要更换文件名或保存位置，则选择"文件"→"另存为"菜单命令进行另存设置；如果要保存已打开的所有文档，可以选择"文件"→"保存全部"菜单命令。

2. 打开网页文档

保存网页文档后，如果想对已经关闭的网页文档进行编辑，可以选择"文件"→"打开"菜单命令，打开"打开"对话框，在"查找范围"下拉列表框中找到文件的存储位置，选择要打开的网页文档,如图 2-35 所示,然后单击"打开"按钮打开文件。也可以通过欢迎屏幕中"打开最近的项目"组中的"打开"选项打开相应的网页文档。

图 2-34 "另存为"对话框

图 2-35 "打开"对话框

2.3.3 设置页面属性

新建网页后,应该设置页面的显示属性,如页面背景效果、页面字体大小、颜色、页面超链接属性等。在 Dreamweaver CS6 中设置页面显示属性可以通过"页面属性"对话框来实现。

在 Dreamweaver 工作界面中,选择"修改"→"页面属性"菜单命令,打开"页面设置"对话框,如图 2-36 所示。在"页面属性"对话框的"分类"列表框中可以对外观、链接、标题、标题/编码和跟踪图像 5 类相关属性进行设置。

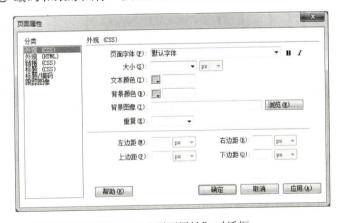

图 2-36 "页面属性"对话框

2.4 课堂案例——为"学院网站"创建多个网页

本课堂案例将创建"学院网站"的站点,以及"首页"和"院系简介"的页面,综合本章学习的知识点,熟悉创建和管理站点,以及新建网页的具体操作。

2.4.1 案例目标

本案例先对"学院网站"的创建进行规划,包括进行一些前期的素材准备工作,接着创建"学院网站"的站点,并对该站点进行管理,同时为网站创建"index"页面和"yxjj"页面,并设置页面的相关属性,参考效果如图2-37、图2-38所示。

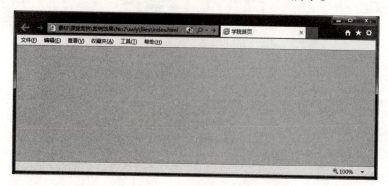

图2-37 "学院网站"页面

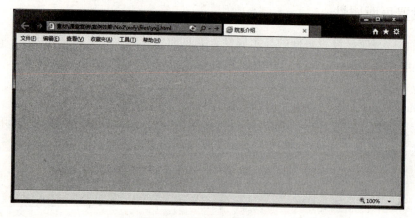

图2-38 "院系简介"页面

素材所在位置:……\素材\课堂案例\案例素材\No2\。
效果所在位置:……\素材\课堂案例\案例效果\No2\。

2.4.2 操作思路

根据练习目标,结合本章知识,具体操作思路如下。

1)规划网站,对网站的制作做前期的规划,包括页面的布局安排和筹备素材,参考效果如图2-39、图2-40所示。

2)将准备好的素材分门别类地存储在站点文件夹"…/xafy"中,如图2-41所示。

3)新建站点"学院网站",设置站点文件夹,如图2-42所示。

4)新建"学院网站"的首页,可以在起始页面中选择"新建"组中的文档类型,一般为HTML页面,如图2-43所示。

图 2-39 "学院网站"首页草图

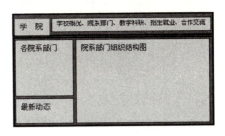
图 2-40 "院系简介"页面草图

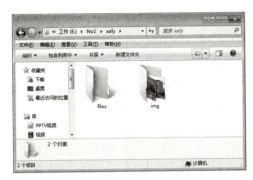
图 2-41 "学院网站"站点文件夹

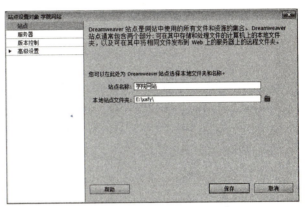
图 2-42 设置站点

图 2-43 新建 HTML 页面

5)设置页面属性。单击"属性"面板中的"页面属性"按钮 页面属性 ,可打开"页面属性"对话框,在"分类"栏中设置"外观"中的页面背景颜色,在"标题/编码"栏中设置网页标题,如图 2-44 所示。

6)新建"院系简介"页面。选择"文件"→"新建"菜单命令,或者使用〈Ctrl+N〉组合键打开"新建文档"对话框,选择文档类型来新建页面,如图 2-45 所示。

7)设置页面属性。与第 5)步操作相同,可以设置本页面的基本属性。

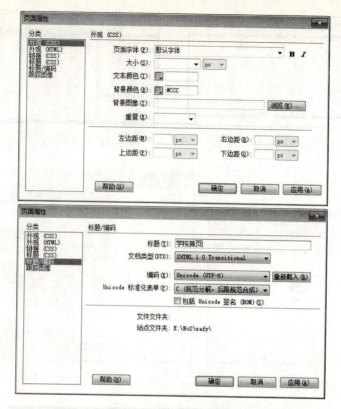

图 2-44 设置页面属性

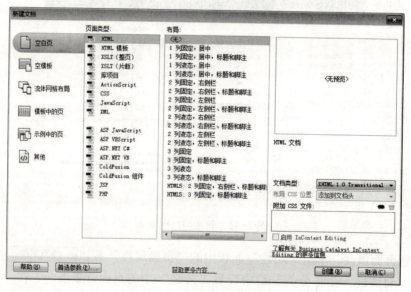

图 2-45 "新建文档"对话框

8) 保存网页。对于新建的页面,需要保存到站点文件夹中,选择"文件"→"保存"菜单命令,打开"另存为"对话框,选好路径即可保存,如图 2-46 所示。

图 2-46　保存网页文件

2.5　本章小结

本章带领大家学习了 Dreamweaver CS6 这个软件，学习用它来制作网页的基本方法。掌握制作网页前需要搭建站点，以及在已有站点不合理的情况下怎么管理站点。准备就绪后，就可以制作网页了，制作网页的基本流程为创建或打开网页文档、编辑文档、保存文档、预览与关闭网页文档。本章只介绍了设置页面的简单属性，显示和实现的效果比较单一，如何能制作出漂亮生动的页面来，将在以后继续学习。

2.6　课后习题

根据本章的知识，为"个人网站"创建站点，站点名为"个人网站"，创建保存网页素材的图像文件夹和网页文件夹，对站点进行管理。在站点内，新建一个名为"index"的主页，页面标题为"我的个人网站——主页"，设置适当的页面背景颜色，页面文本字体为"微软雅黑"。继续创建一个名为"个人简介"的页面文件，标题为"我的个人网站——个人简介"，设置该页面与主页具有相同的背景颜色与字体格式。

素材所在位置：……\ 素材 \ 课后习题 \ 习题素材 \ No2 \ ……

效果所在位置：……\ 素材 \ 课后习题 \ 习题效果 \ No2 \ ……

第3章 网页中的基本对象

学习要点：

- 添加并设置文本
- 插入、编辑图像
- 插入 Flash 动画、视频、音频
- 设置超链接
- 创建、设置 AP Div
- 应用行为

学习目标：

- 掌握文本的添加和设置方法
- 掌握图像和多媒体元素的插入方法
- 掌握超链接的创建方法
- 掌握行为的设置方法
- 掌握 AP Div 的设置方法

导读：

网页内容丰富多彩，文本作为网页中最基本、最常用的元素，是网页传播信息的主要载体之一。因此，掌握好文本的使用，是制作网页的最基本要求。此外，为了使网页表现形式更加丰富，还可以在网页中适当地加入动画、声音和视频等其他多媒体对象。本章介绍如何创建网页中的基本对象，主要包括文本的操作，在网页中插入图像、动画和多媒体，超链接的设置和应用，以及应用行为设置网页效果。

3.1 网页中的文本

网页中的文本是构成整个网页的灵魂，由于文本产生的信息量大，输入、编辑简单方便，并且生成的文件小，容易被浏览器下载，因此掌握好文本的使用，是制作网页的最基本的要求。本节详细讲解在网页中添加文本、添加特殊字符、设置项目列表、设置编号列表的方法，以及设置文本属性的方法。

3.1.1 直接输入

将光标定位到文档窗口中想要插入文本的位置，调整好输入法，就可以直接输入设定的文本内容，如图 3-1 所示。

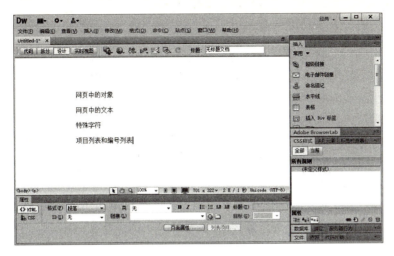

图 3-1　输入文本

操作点拨：
➢ DW 中不允许输入多个连续的空格，在此提供几种输入空格的方法。
① 设置"首选参数"对话框中的"允许多个连续的空格"复选框为选中状态。
② 设置输入法为全角状态，可以输入多个连续空格。
③ 通过〈Ctrl+Shift+Space〉组合键，可以输入多个连续空格。
④ 在"代码"视图中输入" "代码，可以在"设计"视图中产生空格。在"代码"视图中输入几次" "，在"设计"视图中就会出现几个空格。
➢ Dreamweaver 中可以通过〈Enter〉键对文本进行分段，按〈Shift+Enter〉组合键实现换行，将上下两行的行间距变为分段行间距的一半。

3.1.2　复制/粘贴外部文本

除了直接输入文本外，Dreamweaver 中还可以复制其他外部程序（如 Word、记事本等）中的文本到网页中，在 Dreamweaver CS6 中将光标移动到要插入文本的位置，执行"编辑"→"粘贴"命令，就可以实现外部文本的复制与粘贴，如图 3-2 所示。粘贴后的文本不再保留其他应用程序中的文本格式（如分段、粗体等），但保留换行符。

图 3-2　粘贴文本

操作点拨：
如果想要将外部程序中的分段、加粗等格式一起复制到 Dreamweaver 中，可以执行"编辑"→"选择性粘贴"命令，弹出的对话框如图 3-3 所示，从中可进行设置。

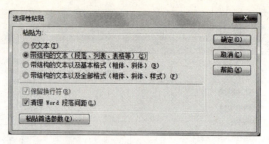

图 3-3 "选择性粘贴"对话框

提示：

在 Dreamweaver CS6 的文本编辑特性中，除了具有个别面向 Web 的特性外，其余操作和 Word 等文字处理软件很相似，例如"剪切""复制""粘贴""移动""撤销""恢复"等命令。

3.1.3 导入外部文件

在 Dreamweaver CS6 中，用户可将 Word 或 Excel 中的内容完整地插入到网页中，两者的导入方法完全相同。本小节讲述导入 Word 文档的方法，执行"文件"→"导入"命令，打开"导入 Word 文档"或"导入 Excel 文档"对话框，"导入 Word 文档"对话框如图 3-4 所示。

图 3-4 "导入 Word 文档"对话框

操作点拨：

在图 3-4 中，可以从"格式化"下拉列表中选择要导入文件的保留格式，其中各选项的含义如下。

➢ 仅文本：导入的文本为无格式文本，即文件在导入时所有格式将被删除。

➢ 带结构的文本：导入的文本保留段落、列表和表格结构格式，但不保留粗体、斜体和其他格式设置。

➢ 文本、结构、基本格式：导入的文本具有结构并带有简单的 HTML 格式。如段落和表格，以及带有<b>、<i>、<u>、<strong>、<em>、<hr>、<abbr>或<acronym>标签的格式文本。

➢ 文本、结构、全部格式（粗体、斜体、样式）：导入的文本保留所有结构、HTML 格式设置和 CSS 样式。

3.1.4　插入特殊字符

网页中不仅包含普通文本还经常会用到一些特殊符号，这些特殊符号是无法通过键盘输入到文档中的，如注册商标符号®、版权符号©等。若要在网页中输入这些特殊符号，可执行"插入"→"HTML"→"特殊字符"菜单命令，从其子菜单中选择相应的符号命令。如果在该子菜单中不能找到需要的符号，可以选择"其他字符"命令，打开图 3-5 所示的"插入其他字符"对话框，在其中选择要插入的字符即可。

图 3-5　"插入其他字符"对话框

3.1.5　插入项目列表和编号列表

Dreamweaver 可以为网页中具有相同类型的文本段落添加上项目符号或编号，使之成为列表，以达到网页内容结构清晰、页面整洁有序的效果，设置项目符号后的网页效果如图 3-6 所示。Dreamweaver CS6 有两种文本列表，分别是项目列表和编号列表，下面详细介绍这两种列表的设置方法。

图 3-6　设置项目符号后的网页效果

1. 项目列表

项目列表可用于对具有相同类型的信息集合添加项目符号来作为标记,进行无序的排列。插入项目列表的具体操作步骤如下。

1)在文档中输入文本内容,然后用鼠标选中要插入项目列表的文本内容,如图3-7所示。

2)执行"窗口"→"插入"菜单命令,打开"插入"面板,然后将其切换到"文本"对象,接着选择项目列表中的"项目列表"选项,如图3-8所示。

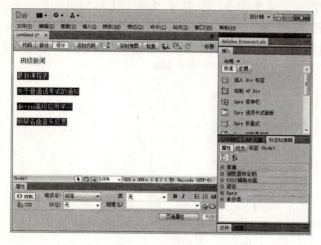

图3-7 选中文本　　　　　　　　　　图3-8 插入项目列表

操作点拨:

除上述方法外,设置项目列表还有以下几种方法。

① 单击"属性"面板中的"项目列表"按钮,也能为文本添加项目列表。

② 执行"插入"→"HTML"→"文本对象"→"项目列表"命令,也可以设置项目列表。

这样就能在选定的文本前面添加或修改项目列表,效果如图3-9所示。

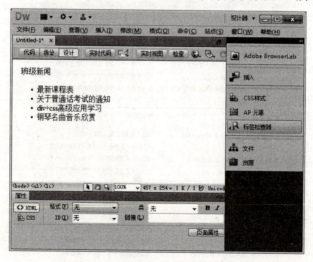

图3-9 设置项目符号后的效果

2. 编号列表

编号列表可用于对具有相同类型的信息集合添加编号来作为标记，进行有序的排列。在文档窗口选定要插入编号列表的内容，然后选择"文本"对象中的"编号列表"选项 ，或者在"属性"面板中单击"编号列表"按钮，即可插入编号列表，插入编号列表后的效果如图 3-10 所示。

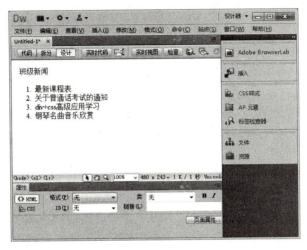

图 3-10　设置编号列表后的效果

3.1.6　设置文本属性

网页中添加了文本后，还可以设置文本的字体、字号、颜色等属性。要在 Dreamweaver CS6 中设置文本属性，可以通过 HTML 和 CSS 两种方法来实现。使用 HTML 类型时，Dreamweaver 会自动为文本添加相应的 HTML 标签或标签属性，可以从"代码"视图中查看；使用 CSS 类型时，Dreamweaver 会使用 CSS 样式表设置文本属性，可以从 CSS 面板查看。

1. HTML 类型

选择要设置属性的文本对象，"属性"面板默认显示文本的 HTML 类型的相关属性，如图 3-11 所示。

图 3-11　HTML 类型的"属性"面板

面板中的各属性含义如下。

➢ "格式"：设置文本的格式，如段落格式、标题格式和预先格式化等。

提示：

标题格式主要用于强调文本信息的重要性。使用标题格式后的文本一般会加粗显示，HTML 预设了 6 级标题格式，标签为<h1>、<h2>、<h3>、<h4>、<h5>、<h6>，文本大小依次递减。

段落格式主要用于给文本设置段落格式。HTML 代码中使用<p>标签表示。设置了段落格式的文本会在上、下各显示一行空白间距。
- "ID"：为所选文本应用一个下拉列表中未声明过的 ID 样式。
- "类"：为文本应用一个类选择器样式。

提示：

本书的后续章节将详细介绍创建 CSS 样式的类、ID 或标签选择器，以及设置相应格式的方法。创建完成之后就可以在"属性"面板的 HTML 类型界面中的"ID"或"类"的下拉列表中选择，并自动应用设置好的文本格式。

- "粗体、斜体"：将文本显示为粗体或斜体。在"代码"视图中可以查看到<strong>和<em>标签。
- "项目列表和编号列表"：将所选文本段落设置为项目列表或编号列表形式。
- "文本缩进"：缩进所选文本或删除所选文本的缩进。
- "链接、标题、目标"：为所选文本设置超链接及打开超链接文档的方式，具体方法将在后面章节中详细介绍。

2. 使用 CSS 类型

由于 Dreamweaver 是基于层叠样式表（CSS）进行设置的网页编辑软件，即事先定义好文本的 CSS 样式，再应用到选定的文本上。当需要修改文本的外观时，只需要修改 CSS 样式属性就可以自动使文本显示最新的样式属性。因此，使用 CSS 类型设置文本的外观属性才是更快捷的方法。单击"属性"面板左侧的 CSS 按钮 ，可显示文本的 CSS 类型属性，如图 3-12 所示。

图 3-12　CSS "属性" 面板

面板中的各属性含义如下。
- "目标规则"：显示当前选定内容所使用的 CSS 规则名称，也可以从下拉列表中为选定的内容新建 CSS 规则。
- "字体"：设置或更改目标规则的字体。

提示：

在"字体"下拉列表中选择"编辑字体列表"选项，将打开"编辑字体列表"对话框，如图 3-13 所示。在"可用字体"列表框中选择一种字体，然后单击"添加"按钮，可将选中的字体加入到"选择的字体"列表框中。如果还想添加其他字体，可继续执行上面的操作。添加完后单击"确定"按钮，关闭"编辑字体列表"对话框，此时，"字体"下拉列表中将会显示添加的字体。

- "大小"：设置或更改目标规则的文本大小。
- "文本颜色"：设置或更改目标规则的文本颜色，可以单击颜色框，从颜色面板中选择文本颜色，也可以用拾色器选取其他颜色，还可直接在颜色框右侧的文本框中输入表示颜色的十六进制数，例如"#0000FF"。

> "粗体"：向目标规则添加粗体属性。
> "斜体"：向目标规则添加斜体属性。
> "左对齐、居中对齐、右对齐和两端对齐"：向目标规则添加各种对齐属性。

图 3-13　编辑字体

3.2　网页中的图像

图像的传输是 Internet 的真正魅力所在。图像在网页中起两个作用：一是装饰作用，可以想象，如果网页做得像风景图画，访问者一定会流连忘返；二是表达作用，图像的信息量非常大，它可以非常直观地表达所要表达的内容。正是由于有这些优点，网页中的图像很受人们的欢迎。使用图像不但可以增加视觉效果，提供更多的信息、丰富文字的内容，而且可以将文字分为更易操作的小块。更重要的是，能够体现出网站的特色。

本节将详细地讲解在网页中插入图像、编辑图像的方法，从而制作图文并茂的网页，将内容通过图像更生动地展示给浏览者。

3.2.1　网页中的图像格式

插入网页的图像文件格式有很多种，如 GIF、JPEG、BMP、TIFF、PNG 等格式，其中使用最广泛的是 GIF 和 JPEG 两种格式。由于 JPEG 格式和 GIF 格式的图像文件尺寸较小，更适合网络传输，而且能够被大多数浏览器支持，所以是网页制作中最常用的图像格式。

1. GIF 格式

GIF（Graphics Interchange Format）是英文单词的缩写，即图像交换格式。它的图片数据量小，可以带有动画信息，且可以支持透明色，使图像浮现在背景之上，但最高只支持 256 种颜色。GIF 文件的众多特点恰恰适应了 Internet 的需要，于是它成了 internet 上最流行的图像格式，它的出现为 internet 注入了一股新鲜的活力，常见有 QQ 动态表情等。

2. JPEG 格式

JPEG（Joint Photographic Experts Group）是"联合照片专家组"英文单词的缩写，是一种压缩格式的图像文件，可以高效地压缩图片的数据量，使图像文件变小的同时基本不丢失颜色画质，也是大家最熟悉的一种图像格式。当需要显示照片等颜色丰富的精美图像时，人们可以选择 JPEG 格式的文件。

3. 特性比较

表 3-1 将上面提到的两种图像格式在文件扩展名、透明设置、优缺点和适合处理的图像类型这 4 个方面的特性进行了比较。

表 3-1　GIF 格式和 JPEG 格式特性对比表

特性 \ 文件格式	GIF 文件	JPEG 文件
扩展名	*.gif	*.jpg
透明设置	有	无
优点	文件尺寸小，下载速度快	文件尺寸较小，下载速度快
缺点	不能存储超过 256 色的图像	压缩后的图像品质不会受影响
适用对象	卡通画、按钮、图标、徽标等颜色单一的图像	颜色丰富且相互交叉的照片图像

3.2.2　插入图像

在将图像插入 Dreamweaver 文档时，Dreamweaver 会自动在网页文档的 HTML 源代码中生成对该图像文件的引用。为了确保引用的正确性，该图像文件必须位于当前站点中。如果图像文件不在当前的站点中，Dreamweaver 会询问是否要将此文件复制到站点中，此时也可将图像文件存储到站点中。

Dreamweaver 提供的插入图像的方式一般有以下几种。

1. 使用命令插入图像

将光标定位在需要插入图像的位置处，选择"插入"→"图像"菜单命令，如图 3-14 所示。打开"选择图像源文件"对话框，如图 3-15 所示，找到需要的图像，单击"确定"按钮完成图像的插入。

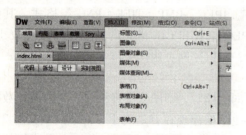 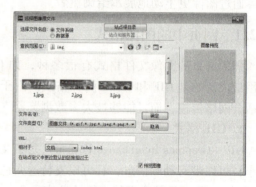

图 3-14　使用命令插入图像　　　　图 3-15　"选择图像源文件"对话框

2. 使用"文件"面板插入图像

打开"文件"面板，展开站点中的图像文件夹，如图 3-16 所示，在需要插入的图像名称上按住鼠标左键不放，拖动到文档编辑区中相应的插入图像的位置，确定后完成插入图像。

3. 使用"插入"面板插入图像

将光标定位在需要插入图像的位置处，选择"插入"面板中"常用"类别，单击"图像"按钮上的黑色三角形，如图 3-17 所示，在下拉菜单中选择"图像"选项，在"选择图像源文件"对话框中找到并选择所需的图像，单击"确定"按钮完成图像插入。

图 3-16 使用"文件"面板插入图像　　图 3-17 使用"插入"面板插入图像

操作点拨:

选择好插入的图像后,会打开一个"图像标签辅助功能属性"对话框,如图 3-18 所示。具体参数作用如下。

图 3-18 "图像标签辅助功能属性"对话框

"替换文本":当图像正在下载、找不到该图像或网站访问者将指针移到该图像上时,替换文本代替图片显示,解释这个是什么图片。

"详细说明":"详细说明"可以提供比"替换文本"组合框中所提供的内容更为详尽的说明。若要添加较详细的说明,可单击"浏览"按钮并选择一个 HTML 文件,然后单击"确定"按钮。

注意:

当选择了要插入到网页的图像后,在默认情况下,Microsoft Expression Web 会自动显示辅助功能属性对话框,让用户设置图像的替代文本。用户可以通过"首选参数"对话框来设置 Expression Web,使其自动显示或不显示该对话框,如图 3-19 所示。

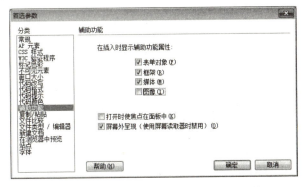

图 3-19 设置是否显示辅助功能属性对话框

3.2.3 设置图像属性

图像插入到文档后,其默认属性一般不符合用户的要求,比如尺寸不合适,位置不合理等,所以还需要对图像进行调整。若要精确地调整图像的大小、位置及对齐方式等,可使用"属性"面板中的各项属性来进行设置。

单击设置属性的图像,当图像周围出现可以编辑的控制点时,可以查看窗口下方的"属性"面板,如图 3-20 所示。

图 3-20 图像"属性"面板

- ➢ "宽、高":用来精确调整图像大小,在"宽""高"后面的文本框内可以输入像素值,来准确定义图像大小。也可输入百分比数值来设置占页面的百分比,图像会自动根据文档窗口的大小自动调整。
- ➢ "源文件":插入图像后,"源文件"文本框中显示出了图像文件的路径。单击文本框后的文件夹按钮 ,或者拖动指向文件按钮 ,即可重新选择图像文件。
- ➢ "链接":该文本框显示链接到的目的文件的路径,可以是网页,也可以是一个具体的文件。实现链接的方法有以下 3 种。
  - 直接输入链接的目的地址(如 D:\myweb\img\tly.jpg)。
  - 使用鼠标拖动指向文件图标到"文件"面板中要链接的目标文件上。
  - 单击该文本框右侧的文件夹按钮 ,选择要链接的目标文件。
- ➢ "替换":给图像添加文字提示说明。在"替换"组合框中输入文字,当用浏览器打开图像页面后,将鼠标指针移到图像上或者发生断链接现象时即可出现相应的文字提示。
- ➢ "垂直边距和水平边距":以像素为单位给图像四周设置空白边距。"垂直边距"表示沿图像的顶部和底部设置边距;"水平边距"表示沿图像的左侧和右侧添加边距。
- ➢ "边框":设置图像边框的宽度,以像素为单位。有时在为图像设置链接后,图像的周围会出现一个蓝色的边框,此时只需将图像的边框值设置为"0",即可将该边框去掉。

除了上面几项属性之外,在 Dreamweaver CS6 中还有裁剪、调整亮度/对比度和锐化等一些辅助性的图像编辑功能,而不需要通过其他软件调整图像。进行操作时,通过"属性"面板中的裁剪、亮度和对比度以及锐化的按钮就可以很方便地实现。本节课不做具体介绍。

当网页内既有文字又有图像的时候,图像和文字排版不恰当就会显得页面不协调。此时通过调整图像与文字的相对位置,以及图像与文字的间距来排版,就能使图像更好地和文字排列在一起,构成协调、美观的页面。

3.2.4 跟踪图像

跟踪图像是 Dreamweaver 中一个非常有效的功能，在网页中使用跟踪图像就像是平时人们临摹字帖一样，下面放着名家的笔迹，上面盖上一层透明的纸，然后在上面进行临摹。设计人员在网页中将制作好的平面设计稿作为网页的背景，如此就可以按照预先制作好的背景方便地定位文字、图像、表格、层等网页元素在该页面中的位置了。

跟踪图像的使用方法是这样的：首先使用各种绘图软件做出一个想象中的网页排版格局图，类似于给网页打个底稿，然后将此图保存为网络图像格式，如 GIF、JPG、JPEG 或 PNG。用 Dreamweaver CS6 打开编辑的网页，将事先创建好的网页排版格局图作为跟踪图像，接着调整跟踪图像的透明度，就可以在当前网页中方便地定位各个网页元素的位置了。使用了跟踪图像的网页在用 Dreamweaver 编辑时不会显示背景图案，但当使用浏览器浏览网页时则正好相反，跟踪图像不见了，背景图案显示了出来，所见到的就是经过编辑的网页。具体操作如下。

1）选择"查看"→"跟踪图像"菜单命令，在弹出的子菜单中选择"载入"命令，打开"选择图像源文件"对话框，在对话框中选择一个图像文件，单击"确定"按钮，打开"页面属性"对话框，在"分类"列表框中选择"跟踪图像"选项，在右侧单击"浏览"按钮，选择一个跟踪图像文件，如图 3-21 所示。

图 3-21 "页面属性"对话框

操作点拨：

打开"页面属性"对话框的方式如下。

➢ 选择"修改"→"页面属性"菜单命令。

➢ 在"属性"面板中单击"页面属性"按钮。

2）在"页面属性"对话框中，拖动"透明度"滑块调整图像的透明度以后，单击"确定"按钮。如果跟踪图像太鲜艳，影响了人们的视觉感受，就可以调整一下透明度。

3）跟踪图像就被插入到文档窗口中了，如图 3-22 所示。

提示：

在默认情况下，跟踪图像在文档窗口中是可见的。如果想隐藏跟踪图像，可选择"查看"→"跟踪图像"菜单命令，在弹出的子菜单中选择"显示"命令，将"显示"项前面的对号（√）去掉，即可隐藏跟踪图像。

图 3-22　跟踪图像被插入到了文档窗口

3.3　网页中的多媒体

网页的元素多种多样，虽然依旧以文本和图片为主，但是为了丰富网页的内容及增加网页趣味性，越来越多的网站开始增加各种各样的多媒体对象，例如 Flash 动画、声音、视频等，这些都属于多媒体文件。

3.3.1　认识网页中的多媒体

随着互联网的迅速发展，多媒体在网页中逐步占据了主体地位，同时还出现了一些专业的多媒体网站，这些网站的核心内容都属于多媒体的范围，比如课件网、音乐网等。除此之外，综合网站中也出现了形式多样的多媒体内容，如一些 Flash 动画、宣传视频等。

在 Dreamweaver CS6 中可以将 Flash 动画、声音、ActiveX 控件等多媒体对象插入到网页文件中。

3.3.2　网页中添加 Flash 动画

Flash 动画是目前网页中使用较为广泛的一类多媒体文件，Flash 动画文件的扩展名为 .swf。通过将 Flash 动画应用于网页中，可以把传统网页无法做出来的效果很好地展现出来，使网页具有更强的吸引力。在 Dreamweaver CS6 中插入 Flash 动画的具体操作步骤如下。

1）将光标定位到要插入 Flash 动画的位置。

2）执行"插入"→"媒体"→"SWF"命令，打开"选择 SWF"对话框，如图 3-23 所示。

3）在对话框框中选择站点中的 Flash 动画文件，即可将 Flash 动画插入到文档中，如图 3-24 所示。

4）保存网页文档后，就可以在浏览器中看到动画效果，如图 3-25 所示。

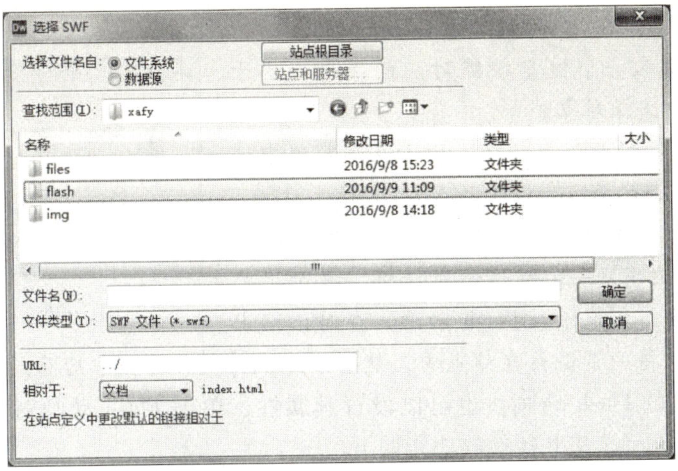

图 3-23 "选择 SWF" 对话框

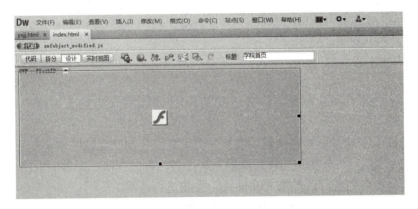

图 3-24 插入 Flash 动画

图 3-25 浏览网页

操作点拨：

在操作过程的第 2）步后会弹出一个"对象标签辅助功能属性"对话框，其中有 3 个属性可以设置，也可以忽略。在此描述一下这 3 个属性，以供参考。

➢ 标题：在浏览器中运行时，将鼠标指针移动到 Flash 动画对象上时就会显示标题窗口

47

处所输入的内容。
- 访问键：输入一个键盘按键对应的字母，用于在浏览器中选择对象。
- Tab 键索引：输入一个数字，用于在浏览器中选择对象。

如果网页文档还未保存，那么执行操作过程的第2）步时，将会弹出图 3-26 所示的对话框，提示用户先对网页进行保存，才能插入 Flash 动画。在对话框中单击"确定"按钮将网页保存在站点中，然后才能执行操作过程中后面的步骤。

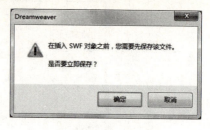

图 3-26 提示对话框

对于插入网页的 Flash 动画，也可以设置其属性，单击 Flash 动画对象，进入"属性"面板，如图 3-27 所示。其上各参数功能如下。

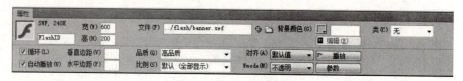

图 3-27 Flash"属性"面板

- "名称"：为动画对象设置名称以便在脚本中识别，在下方的文本框中可以为该动画输入名称。
- "宽、高"：指定动画对象区域的宽度和高度，以控制其显示区域。
- "文件"：指定 Flash 动画文件的路径及文件名，可以直接在文本框中输入动画文件的路径及文件名，也可以单击"文件夹"按钮进行选择。
- "背景颜色"：确定 Flash 动画区域的背景颜色。在动画不播放（载入时或播放后）的时候，该背景颜色也会显示。
- "编辑"：调用预设的外部编辑器编辑 Flash 源文件（*.fla）。
- "循环"：使动画循环播放。
- "自动播放"：当网页载入时自动播放动画。
- "垂直边距、水平边距"：指定动画上、下、左、右边距。
- "品质"：设置质量参数，有"低品质""自动低品质""自动高品质""高品质"4个选项。
- "比例"：设置缩放比例，有"默认""无边框""严格匹配"3 个选项。
- "对齐"：确定 Flash 动画在网页中的对齐方式。
- "Wmode"：设置 Flash 动画是否透明。
- "播放"：单击该按钮可以看到 Flash 动画的播放效果。
- "参数..."：单击该按钮，打开"参数"对话框，在其中可以输入传递给 Flash 动画的其他参数。

3.3.3 网页中插入 FLV 视频

网页中的视频除了 Flash 动画文件外，还有一类 FLV 文件，是 Flash Video 的简称，其主要特点是生成的视频文件小，加载速度快，可以通过网络加载并播放。FLV 流媒体格式是随着 Flash 的发展而出现的视频格式，它利用了网页上广泛使用的 Flash Player 平台，将视频整合到 Flash 动画中，也就是说，浏览者只要能看到 Flash 动画，就能看到 FLV 格式的视频，无须安装其他的视频插件，给网页中视频的播放带来了极大的便利。目前，国内的热门视频网站都是使用 FLV 技术实现视频播放的。

在 Dreamweaver CS6 中可以非常方便地在网页中插入 FLV 视频，执行"插入"→"媒体"→" FLV …"命令，打开图 3-28 所示的对话框，在对话框中设置视频的各个属性后就可以插入 FLV 视频。

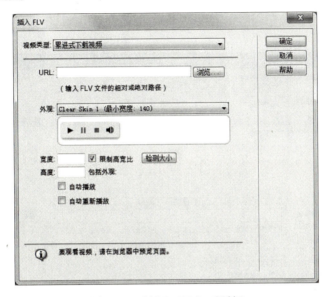

图 3-28 "插入 FLV"对话框

对话框中各属性选项的含义如下。
- "视频类型"：在该下拉列表中选择视频的类型，包括"累进式下载视频"与"流视频"。"累进式下载视频"首先将 FLV 文件下载到用户的硬盘上，然后进行播放，该视频类型可以在下载完成之前播放视频文件；"流视频"要经过一段缓冲时间后才在网页上播放视频内容。
- "URL"：输入 FLV 文件的 URL 地址，或者单击"浏览"按钮，从站点中选择一个 FLV 文件。
- "外观"：设置视频组件的外观。选择不同的外观后，可以在"外观"下拉列表的下方显示预览效果。
- "宽度"：指定 FLV 文件的宽度，单位是像素。
- "限制宽高比"：保持 FLV 文件的宽度和高度的比例不变。默认选择该选项。
- "包括外观"：是将 FLV 文件的宽度和高度与所选外观的宽度和高度相加得出来的。
- "检测大小"：单击该按钮可确定 FLV 文件的准确宽度和高度，但是有时 Dreamweaver 无法确定 FLV 文件的尺寸大小，在这种情况下，必须手动输入宽度和高度值。
- "自动播放"：指定在网页打开时是否自动播放 FLV 视频。
- "自动重新播放"：设置文件播放完之后是否自动返回到起始位置。

3.3.4 网页中添加音频对象

视频和音频是多媒体网页的重要组成部分，网页中播放音乐的方式一般有两种，一种是通过音乐播放器播放音乐，另一种是网页的背景音乐。Dreamweaver CS6 可以通过在网页中插入音频插件的方式插入音乐播放器，也可以通过<bgsound>标签设置网页背景音乐。

1. 插入音乐播放器

在 Dreamweaver CS6 中可以使用插件在当前网页中嵌入音乐播放器，具体操作步骤如下。

1）在文档窗口执行"插入"→"媒体"→"插件"命令，打开"选择文件"对话框，如图 3-29 所示。

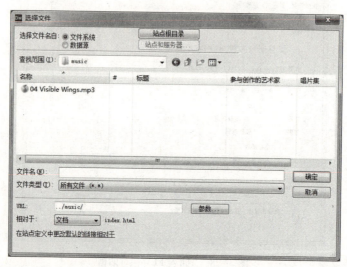

图 3-29 "选择文件"对话框

2）在打开的"选择文件"对话框中选择一个音乐文件，然后单击"确定"按钮，将插件插入网页中，出现插件图标 。

3）选中插件，在"属性"面板中设置插件的宽、高等属性。

4）保存文档，在浏览器中预览网页，在网页中就能看到音乐播放器了。按下播放器按钮，将开始播放所选择的音乐文件，如图 3-30 所示。

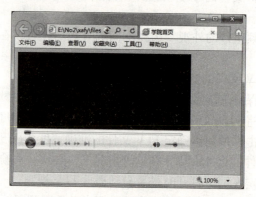

图 3-30 插入音乐播放器的页面

操作点拨：

"属性"面板中单击 [参数...] 按钮，打开"参数"对话框。在"参数"列表下方单击并输入参数名称"autoStart"；在"值"列下方单击并输入该参数的值"true"或"false"，来设置打开网页时音乐的自动播放或停止效果。

2. 插入背景音乐

当用户浏览网页时，有时在打开某一个页面时会听到动听的音乐，这是因为该网页添加了背景音乐。Dreamweaver CS6 可以在"代码"视图中给网页添加背景音乐，在<body>和</body>之间输入<bgsound>标签来添加背景音乐，该标签的属性列表中有 balance、delay、loop、src 和 volume 属性。

balance 属性：设置音乐的左右均衡。
delay 属性：设置音乐播放延时。
loop 属性：设置音乐循环次数。
src 属性：设置音乐文件的路径。
volume 属性：设置音乐音量。

一般在添加背景音乐时不需要对音乐设置左右均衡以及延时等属性，只需要设置 src 和 loop 属性即可，最后的代码如下。

<bgsound src="../music/04 Visible Wings.mp3" loop="-1" />，如图 3-31 所示。

```
<body>
<bgsound src="../music/04 Visible Wings.mp3" loop="-1" />
</body>
</html>
```

图 3-31　添加背景音乐代码

其中，loop="-1"表示音乐无限循环播放，如果要设置播放次数，则改为相应的数字即可。保存网页，在浏览器中预览就可以听见背景音乐的播放效果了。

3.3.5　网页中添加其他媒体文件

网页中的多媒体除了 Flash 动画、FLV 视频和音频文件外，还有一些其他类型的多媒体文件，例如 Shockwave 影片、Applet 程序等。

1. 插入 Shockwave 影片

Shockwave 是由 Adobe 公司指定的一种可以与用户交互的多媒体文件，可以快速地下载并在浏览器中播放。Shockwave 影片可以集动画、位图视频和声音于一体，并组成一个交互式界面。插入 Shockwave 影片后，"代码"视图中将添加<object>和<embed>标签，以便在各种浏览器中都可以播放。

执行"插入"→"媒体"→"Shockwave"命令，就可以插入站点中的各种多媒体，比如图像、音频、视频、Java Applet、ActiveX、PDF 及 Flash 等，文件格式可以是 MIDI、WAV、AIFF、AU、MP3 等。页面中插入 Shockwave 影片后，则需要给浏览器安装 Adobe Shockwave Player 播放器，弹出的提示框如图 3-32 所示。

由于 Shockwave Player 的安装普及率远远低于 Flash Player，因此在插入 Flash 影片时，人们多选用"插入"→"媒体"→"SWF"命令来执行。

图 3-32　安装 Adobe Shockwave Player 提示框

2. 插入 Applet

Applet 是指采用 Java 创建的基于 HTML 的程序，浏览器将其暂时下载到用户的硬盘上，并在网页打开时在本地运行。在网页中可以嵌入 Applet 程序来实现各种各样的精彩效果。Applet 程序的扩展名为 .class，执行"插入"→"媒体"→"Applet"命令，在站点中选择包含 Java Applet 的文件，即可插入网页中。

Applet 的"属性"面板如图 3-33 所示。

图 3-33　Applet "属性"面板

其上参数功能如下。
- "Applet 名称"：指定 Java 小程序的名称。
- "宽、高"：指插入对象的宽度和高度，默认单位为像素，也可以指定 pc（十二点活字）、pt（磅）、in（英寸）、mm（毫米）、cm（厘米）、%（相对于父对象值的百分比）等单位。单位缩写必须紧跟在值后，中间不能留空格。
- "代码"：指定包含 Java 代码的文件。
- "基址"：标志包含选定 Java 程序的文件夹，当选择程序后，该文本框将自动填充。
- "对齐"：设置影片在页面上的对齐方式。
- "替换"：如果用户的浏览器不支持 Java 小程序或者 Java 被禁止，该选项将制定一个替代显示的内容。
- "垂直边距和水平边距"：指在页面上插入的 Applet 四周的空白数量值。
- "参数"：可以在打开的对话框中输入 Shockwave 和 Flash 影片、Applet 等共同使用的参数，将为插入对象设置相应的属性。

3.4　超链接

3.4.1　基本概念

超链接是网页设计中非常重要的部分，它可以将互联网上众多的网站和网页联系起来，使畅游网络变得便捷。

1. 超链接的定义

超链接是指从一个网页指向一个目标的连接关系，这个目标可以是另一个网页，也可以是相同网页上的不同位置，还可以是文本、图像、电子邮件地址、文件等，甚至是一个应用程序。超链接是连接网页之间的桥梁。

超链接由源端点和目标端点两部分组成，其中设置链接的一端为源端点，跳转到的页面或对象为目标端点。如单击图 3-34 中的"新闻"超链接则打开图 3-35 所示的页面，在这个超链接中，图 3-34 百度首页的"新闻"为源端点，而图 3-35 中的百度新闻页面为目标端点。

图 3-34　百度首页

图 3-35　百度新闻页面

2. 超链接类型

按链接路径的不同，超链接分为内部链接和外部链接。内部链接的目标端点位于站点内部，通常使用相对路径。外部链接的目标端点位于其他网站中（本站点之外），通常使用绝对路径。

> ➢ 绝对路径：链接中使用完整的 URL 地址，这种链接路径称为绝对路径。一般用于链接外部网站或外部资源，如 http://www.baidu.com。
> ➢ 相对路径：以链接源端点所在位置为参考基础而建立的路径。因此，当保存于不同

目录的网页引用同一个文件时，所使用的路径将不相同，故称为相对。一般用于同站点内不同文件之间的链接。其中，"../"表示上一层目录；"./"为当前目录，一般书写时可省略。

按使用对象的不同，超链接分为文本链接、图像链接、电子邮件链接、热点链接、空链接、下载链接、锚记链接等。

3.4.2 设置超链接

1. 创建超链接

创建超链接的常用方法有以下几种。

1）在"属性"面板的"链接"文本框中直接输入要链接对象的路径。

2）单击"链接"文本框右侧的"浏览文件"按钮 ，在弹出的"选择文件"对话框中选择链接对象。

3）单击并拖动"链接"文本框右侧的"指向文件"按钮 到"文件"面板的文件上。

"属性"面板中的"链接"文本框下方的"目标"表示打开链接文档的方式，默认是在当前窗口中打开链接网页。表 3-2 为目标列表中各个选项的含义。

表 3-2　目标窗口选项说明

窗　　口	说　　明
_blank	在新建的窗口中打开
_new	在同一个刚创建的窗口中打开
_parent	如果是嵌套的框架，则在父框架中打开
_self	在当前网页所在窗口打开（默认方式）
_top	在完整的浏览器窗口打开

2. 取消超链接

当创建的超链接错误或不需要的时候可以取消超链接。选中已设置为超链接的对象，删除"属性"面板中"链接"文本框中的内容即可取消超链接。

3.4.3 常用超链接

常用的超链接主要有文本链接、图像链接、热点链接、电子邮件链接、下载链接、空链接、锚记链接等。

1. 文本链接、图像链接

文本链接是以文本为对象的超级链接，链接的源端点是文本。图像链接是以图像为对象的超级链接，链接的源端点是图像。这两种链接是网页中最常见、最简单的链接方式。

要创建文本链接、图像链接，首先选定需设置链接的文本或图像，然后根据 3.4.2 中提到的创建超链接的方法设置链接路径，最后选择链接的目标窗口。

例 3-1　在网站"book"中创建相关的文本和图像链接。

素材所在位置：……\素材\课堂案例\案例素材\No3\book\……

效果所在位置：……\素材\课堂案例\案例效果\No3\book\……

步骤：

1) 打开 Dreamweaver CS6 创建站点，在"文件"面板中双击打开"index.html"文件，如图 3-36 所示。

图 3-36 "index.html"文件

2) 选定图 3-37 所示的文本"书籍分类"，单击"属性"面板中"链接"编辑框右侧的"浏览文件"按钮，在弹出的"选择文件"对话框中选择网页文件"type.html"，单击"确定"按钮；或直接在"链接"文本框中输入"type.html"。

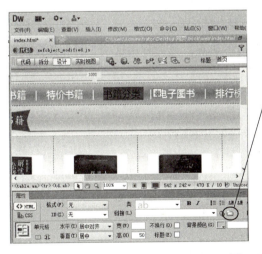
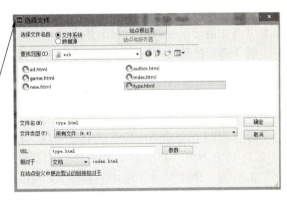

图 3-37 文本链接

3) 选定图 3-38 所示的图像"新书排行榜"，在"属性"面板中单击并拖动"链接"文本框右侧的"指向文件"按钮到"文件"面板的"new.html"来实现图像链接。同理，可为图像"热门作者"创建到"author.html"的链接。

55

图 3-38　图像链接

2. 热点链接

热点链接又称为热区链接或图像映射，就是使用热点工具将一张图片划分为多个区域，并为这些区域分别设置链接。

要创建热点链接，首先选定图像，利用图 3-39 所示的"属性"面板上的热点工具绘制热区，然后为绘制的热区设置链接路径，最后选择链接目标窗口。

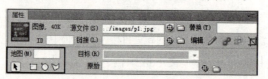

图 3-39　热点工具

热点工具有矩形热点工具、圆形热点工具和多边形热点工具，利用这些工具在选定的图像上单击并拖动鼠标即可绘制出热点区域。

例 3-2　在网站"book"中创建热点链接。

素材所在位置：……\素材\课堂案例\案例素材\No3\book\……

效果所在位置：……\素材\课堂案例\案例效果\No3\book\……

步骤：

1）打开 Dreamweaver CS6 并创建站点，在"文件"面板中双击打开"type.html"文件。

2）选定图像"s5.jpg"，利用热点工具在"书籍分类"图像上绘制矩形热区，在"属性"面板的"链接"文本框中直接输入"game.html"，如图 3-40 所示。

提示：

图像链接是图像作为一个整体的链接；而热点链接却可以根据需要选择图像的一部分或某些区域进行链接。

3. 电子邮件链接

使用电子邮件链接可以方便地给网站管理者发送邮件。单击网页中的电子邮件链接可打开"Outlook Express"的"新邮件"窗口，即可书写邮件。

创建电子邮件链接，首先需选定设置邮件链接的对象，然后在"链接"文本框中以"mailto:电子邮件地址"格式输入内容，或选择菜单"插入"→"电子邮件链接"命令，在打开的对话框中设置链接，如图 3-41 所示。

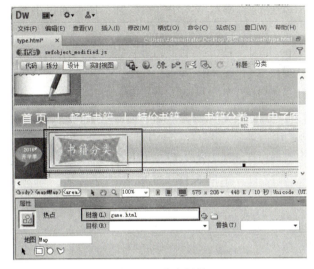

图 3-40　热点链接　　　　　　　　图 3-41　"电子邮件链接"对话框

例 3-3　在网站"book"中为文件"index.html"版权区域的"联系我们"创建电子邮件链接。

素材所在位置：……\素材\课堂案例\案例素材\No3\book\……

效果所在位置：……\素材\课堂案例\案例效果\No3\book\……

步骤：

1）打开 Dreamweaver CS6 并创建站点，在"文件"面板中双击打开"index.html"文件。

2）如图 3-42 所示，选定版权区域的"联系我们"，在"属性"面板的"链接"文本框内直接输入"mailto:bookshop@126.com"。

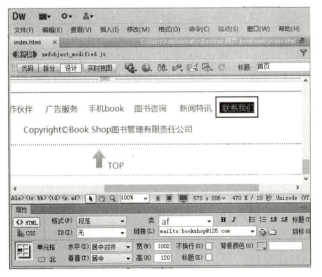

图 3-42　设置电子邮件链接

4. 下载链接

下载链接是指单击某链接时会打开一个"文件下载"对话框（或自动启动下载工具），通过在该对话框中单击"打开"或"保存"按钮，可以打开或下载文件。

通常，文件的格式是 EXE、ZIP、RAR 类型时，浏览器无法直接打开，便可通过下载链接实现。

例 3-4 在网站"book"中为文件"type.html"内的"电子图书"部分创建下载链接。

素材所在位置：……\素材\课堂案例\案例素材\No3\book\……

效果所在位置：……\素材\课堂案例\案例效果\No3\book\……

步骤：

1）打开 Dreamweaver CS6 并创建站点，在"文件"面板中双击打开"type.html"文件。

2）如图 3-43 所示，选定"电子图书"部分"中国的历史"下方的文本"下载"，在"属性"面板上单击并拖动"链接"文本框右侧的"指向文件"按钮 到"文件"面板的"Ebook.rar"来实现下载链接。

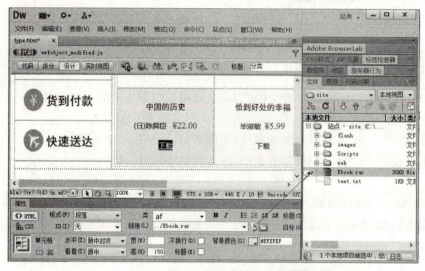

图 3-43 下载链接

5. 空链接

空链接用来激活页面中的对象或文本，只有链接的形式，而没有具体的链接内容。要创建空链接，首先选中需设置空连接的对象，然后在"链接"文本框中输入"#"即可。

【练习】在网站"book"中为文件"index.html"导航区的文本"排行榜"创建空链接。

6. 锚记链接

该链接的目标端点是网页中的命名锚点，利用这种链接可以跳转到当前网页中某一指定的位置上。

要创建锚记链接，首先需创建命名锚记 ，也就是在网页中设置位置标记，并为其命名。然后选中链接对象，在"链接"文本框中输入"#锚点名"。

例 3-5 在网站"book"中为文件"index.html"底部的"TOP"创建锚记链接，单击"TOP"后使网页返回页面顶端。

素材所在位置：……\素材\课堂案例\案例素材\No3\book\……

效果所在位置：……\素材\课堂案例\案例效果\No3\book\……

步骤：

1）打开 Dreamweaver CS6 并创建站点，在"文件"面板中双击打开"index.html"文件。

2）将光标置于"index.html"页面左上角，选择菜单"插入"→"命名锚记"命令，在图 3-44 所示的"命名锚记"对话框内输入锚记名称"abc"，单击"确定"按钮后发现页面左上角出现了锚记符号 ，如图 3-45 所示。

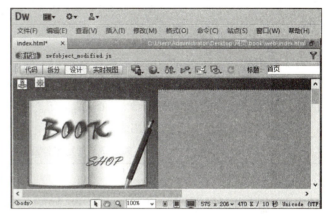

图 3-44 "命名锚记"对话框　　　　图 3-45 锚记符号

3）选定页面底部文本"TOP"，在"属性"面板文本框内输入"#abc"即实现锚记链接，如图 3-46 所示。

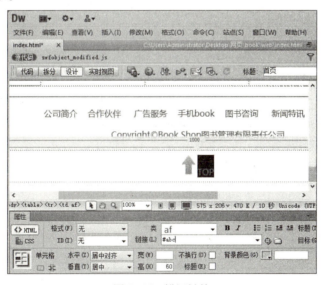

图 3-46 锚记链接

3.5 行为

在网页中合理地使用行为，可以实现许多动态效果，从而使网页变得活泼、生动，使浏览者流连忘返。在 Dreamweaver 中，用户可以非常方便地向网页及其对象中添加行为，可以非常高效地实现预期效果。

3.5.1 基本概念

1. 行为

行为是响应某一事件而采取的动作,通过动作实现用户同网页的交互,或使某个任务被执行。行为实质上是在网页中调用 JavaScript 等脚本语言,以实现网页的动态效果。在 Dreamweaver 中应用行为免去了编写代码的麻烦,使网页制作过程更加便捷,尤其对于初学者非常适用。

2. 行为组成

行为由事件和动作两部分组成。事件是指用户的操作,它是触发动态效果的原因,可以被附加到各种网页元素上,也可以被附加到 HTML 标签中。动作是指发生什么,即最终完成的动态效果,如打开浏览器窗口、弹出信息等。对于一般的行为,都是由事件来激活动作。常用的事件及动作如表 3-3 和表 3-4 所示。

表 3-3 常用事件及其说明

事件名称	事件说明
onLoad	在浏览器中加载完网页时发生的事件
onUnload	当访问者离开页面时发生的事件
onClick	用鼠标单击对象(如超链接、图片、按钮等)时发生的事件
onDbClick	用鼠标双击对象时发生的事件
onFocus	对象获得焦点时发生的事件
onMouseDown	单击鼠标左键(不必释放鼠标键)时发生的事件
onMouseMove	鼠标指针经过对象时发生的事件
onMouseOut	鼠标指针离开选定对象时发生的事件
onMouseOver	鼠标指针移至对象上方时发生的事件
onMouseUp	当按下的鼠标按键被释放时发生的事件

表 3-4 常用动作及其说明

动作名称	动作说明
打开浏览器窗口	在新窗口中打开网页,并可设置新窗口的宽度、高度等属性
弹出信息	显示指定信息的 JavaScript 警告
交换图像	将一个图像和另一个图像进行交换
恢复交换图像	将最后一组交换的图像恢复为它们以前的源文件
预先载入图像	将不会立即出现在网页上的图像加载到浏览器缓存中
显示-隐藏元素	显示、隐藏一个或多个 AP 元素
拖动 AP 元素	允许用户拖动 AP 元素
设置状态栏文本	在浏览器左下角的状态栏中显示信息
转到 URL	发生指定事件时跳转到指定的网页
改变属性	改变对象的属性
跳转菜单	选择菜单实现跳转

3. "行为"面板

在 Dreamweaver 右侧面板组中单击"标签检查器"中的"行为"按钮即可打开"行为"面板,或选择菜单"窗口"→"行为"命令也可将其打开,面板如图 3-47 所示。创建与编辑行为均在"行为"面板中完成。

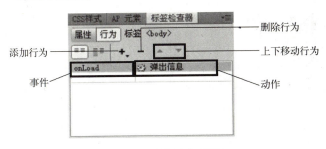

图 3-47 "行为"面板

3.5.2 应用行为

行为可以应用于 HTML 标签、图像、文本等各网页元素。如果要对某个对象应用行为,首先需选定对象,然后单击"行为"面板上的"添加行为"按钮 +,在打开的行为列表中选择动作,最后设定事件。

提示:

添加动作后,"行为"面板自动出现事件,但不一定是需要的事件,因此可根据需要调整事件。

下面通过几个实例来学习行为的应用,如设置状态栏文本、打开浏览器窗口、弹出信息、交换图像与恢复交换图像等。

1. 设置状态栏文本

通过应用行为可以在网页的状态栏上显示设定好的文字信息。

例 3-6 在网站"book"中为文件"index.html"的状态栏添加文本"欢迎光临 Bookshop 网站!",要求网页打开时文本内容显示。

素材所在位置:……\素材\课堂案例\案例素材\No3\book\……

效果所在位置:……\素材\课堂案例\案例效果\No3\book\……

步骤:

1) 打开 Dreamweaver CS6 并创建站点,在"文件"面板中双击打开"index.html"文件。

2) 单击文档窗口下方状态栏中的"<body>"标签(代表选中整个网页内容),打开"行为"面板,单击"添加行为"按钮 +,在弹出的列表中选择"设置文本"→"设置状态栏文本"命令,如图 3-48 所示。

3) 打开"设置状态栏文本"对话框,在"消息"文本框中输入"欢迎光临 Bookshop 网站!",然后单击"确定"按钮,如图 3-49 所示。

4) 在"行为"面板的"事件"下拉列表中选择"onLoad",表示网页下载完毕后即显示设置的状态栏文本,如图 3-50 所示。

5) 保存文件并预览,网页打开后可以看到状态栏中的文本,如图 3-51 所示。

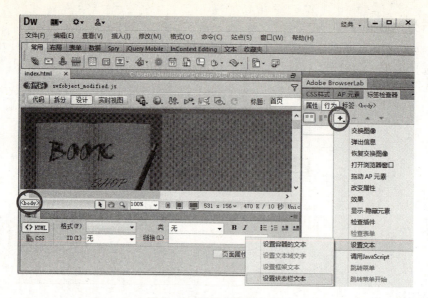

图 3-48 设置状态栏文本

图 3-49 输入文本内容

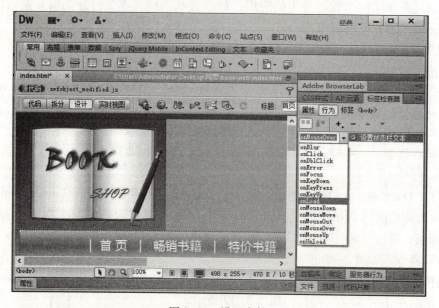

图 3-50 设置事件

2. 打开浏览器窗口

使用该动作可在新的浏览器窗口中打开一个网页文档,并定义窗口属性。

图 3-51 预览效果

例 3-7 在网站"book"中为文件"index.html"添加"打开浏览器窗口"行为，要求单击网页左上方的图像"logo2.jpg"时，浏览器新窗口打开网页"ad.html"。

素材所在位置：……\素材\课堂案例\案例素材\No3\book\……

效果所在位置：……\素材\课堂案例\案例效果\No3\book\……

步骤：

1) 打开 Dreamweaver CS6 并创建站点，在"文件"面板中双击打开"index.html"文件。

2) 单击选定文档左上方的图像"logo2.jpg"，打开"行为"面板，单击"添加行为"按钮 ，在弹出的列表中选择"打开浏览器窗口"命令，如图 3-52 所示。

图 3-52 选择"打开浏览器窗口"命令

3) 打开"打开浏览器窗口"对话框，单击"要显示的 URL"文本框右侧的"浏览"按钮，在打开的"选择文件"对话框中选择网页"ad.html"，然后单击"确定"按钮，如图 3-53 所示。

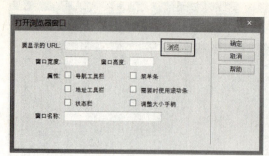

图 3-53　设置"要显示的 URL"

4）回到"打开浏览器窗口"对话框，设置"窗口宽度"和"窗口高度"均为"500"，"窗口名称"为"ad"，然后单击"确定"按钮，如图 3-54 所示。

5）在"事件"下拉列表中选择"onClick"，表示单击图像"logo2.jpg"即打开浏览器新窗口，如图 3-54 所示。

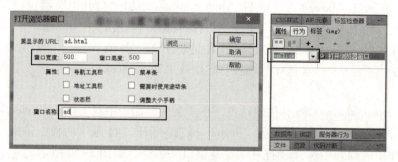

图 3-54　设置浏览器窗口属性及事件

6）保存文件并预览，新窗口显示内容为"ad.html"，如图 3-55 所示。

图 3-55　预览效果

3. 弹出信息

行为动作弹出 JavaScript 警告框，用来向用户提供信息。

例 3-8 在网站"book"中为文件"type.html"添加"弹出信息"行为，要求打开网页时弹出信息"请查看书籍分类！"。

素材所在位置：……\素材\课堂案例\案例素材\No3\book\……

效果所在位置：……\素材\课堂案例\案例效果\No3\book\……

步骤：

1）打开 Dreamweaver CS6 并创建站点，在"文件"面板中双击打开"type.html"文件。

2）单击文档窗口下方状态栏中的"<body>"标签，打开"行为"面板，单击"添加行为"按钮 ，在弹出的列表中选择"弹出信息"命令，如图 3-56 所示。

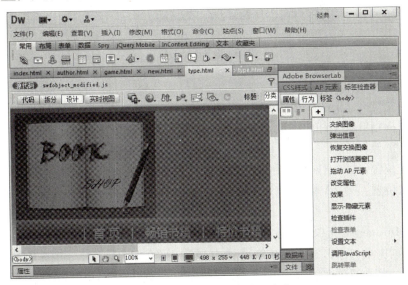

图 3-56 选择"弹出信息"命令

3）打开"弹出信息"对话框，在"消息"编辑框中输入"请查看书籍分类！"，然后单击"确定"按钮，如图 3-57 所示。

4）在"事件"下拉列表中选择"onLoad"，如图 3-57 所示。

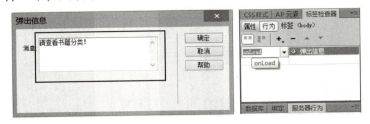

图 3-57 添加信息及设置事件

5）保存文件并预览。打开网页"type.html"后会弹出消息框，其显示内容为"请查看书籍分类！"，如图 3-58 所示。

4. 交换图像与恢复交换图像

交换图像是指通过改变 img 标签的 src 属性将一幅图像变换为另一幅图像。恢复交换图

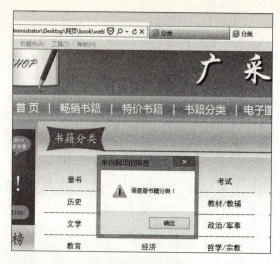

图 3-58　预览效果

像是指将交换图像还原为初始图像。

例 3-9　在网站"book"中为文件"new.html"添加"交换图像"与"恢复交换图像"行为，要求鼠标指针移至相应图像上方时，图像变为另一张图像；鼠标指针离开图像时，图像恢复为原始图像。

素材所在位置：……\素材\课堂案例\案例素材\No3\book\……

效果所在位置：……\素材\课堂案例\案例效果\No3\book\……

步骤：

1）打开 Dreamweaver CS6 并创建站点，在"文件"面板中双击打开"new.html"文件。

2）在网页中的"NO.3"上方单元格内插入图像"b10.jpg"，并选中该图像，打开"行为"面板，单击"添加行为"按钮，在弹出的列表中选择"交换图像"命令，如图 3-59 所示。

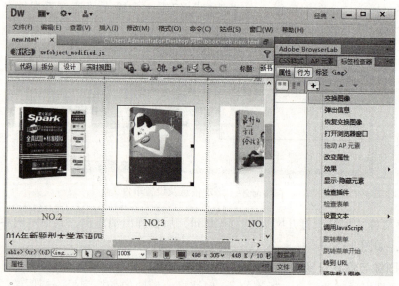

图 3-59　选择"交换图像"命令

3)打开"交换图像"对话框,单击"设定原始档为"文本框右侧的"浏览"按钮,在打开的"选择图像源文件"对话框中选择图像"b10a.jpg",选中"预先载入图像"和"鼠标滑开时恢复图像"复选框,然后单击"确定"按钮,如图3-60所示。

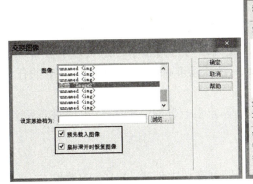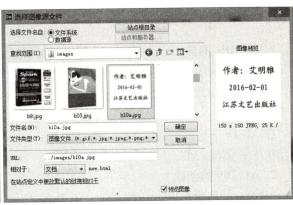

图 3-60 设置原始档

提示:

"预先载入图像"是指图像预先下载到浏览器缓存中,当图像需要显示时能快速显示。若本步中没有选中"鼠标滑开时恢复图像"复选框,那么在"交换图像"行为设置完成后,需在"行为"面板中添加"恢复交换图像"动作并设置事件来达到预期效果。

4)在"事件"下拉列表中,"交换图像"选择"onMouseOver","恢复交换图像"选择"onMouseOut",如图3-61所示。

5)保存文件并预览效果。

图 3-61 设置事件

3.5.3 编辑行为

1. 修改行为

行为创建后,若要对其进行修改,可在"行为"面板完成。

修改行为,首先要选定应用了行为的对象,然后在"行为"面板中双击相应的动作名称(或在行为上单击鼠标右键,选择"编辑行为"命令),在打开的对话框中进行修改;若修改事件,则直接在"事件"下拉列表中选择所需事件即可。

提示:

当"行为"面板中有多个行为时,若要更改行为的顺序,可先选定该行为,然后单击面板上方的▲或▼按钮进行上移或下移。

2. 删除行为

若创建的行为不需要了,则可将其删除。删除行为的方法有以下几种。

➢ 选中行为,单击"行为"面板上的"删除行为"按钮━。

➢ 选中行为,按〈Delete〉键。

➢ 在行为上单击鼠标右键,在弹出的快捷菜单中选"删除行为"命令。

3.6 AP Div

3.6.1 AP Div 简介

1. AP Div 的含义

AP Div 也称为层，不仅可以对网页进行布局，还可以与行为相结合来实现一些特殊效果。AP Div 可以理解为浮动在网页上的一个页面，它可以准确地被定位在网页中的任何位置。

在 AP Div 中可以插入文字、图像、表单、表格等元素。针对 AP Div，可以进行叠放、改变次序、更改大小、显示及隐藏等设置。

2. AP Div 的创建

AP Div 的创建有以下几种方法，图 3-62 所示为网页文档中创建 AP Div 的效果。

- 选择菜单"插入"→"布局对象"→"AP Div"命令，即可插入一个 AP Div。
- 选择"插入"面板→"布局"→"绘制 AP Div"按钮 ，将其拖曳到文档窗口中，即插入一个默认的 AP Div。
- 选择"插入"面板→"布局"→"绘制 AP Div"按钮 ，在文档窗口中单击鼠标并拖曳即可创建一个 AP Div。若要同时绘制多个 AP Div，则在按住〈Ctrl〉键的同时进行绘制。

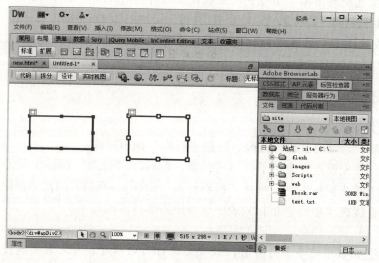

图 3-62 在文档中创建 AP Div 的效果

3. AP Div 基本操作

（1）选定 AP Div

- 若要选定一个 AP Div，使用鼠标在其边框上单击即可。
- 若要选定多个 AP Div，按住〈Shift〉键逐个单击即可。

（2）在 AP Div 中插入元素

首先将光标定位在 AP Div 中，然后插入各元素。

(3) 移动、更改大小、删除
- 移动 AP Div：将鼠标指针放在 AP Div 边框上，呈十字符号时拖动即可。
- 更改大小：选定 AP Div 后，鼠标指针呈箭头符号时拖动即可；或在"属性"面板上更改宽和高。
- 删除 AP Div：选定 AP Div 后按〈Delete〉键，或在 AP Div 上单击鼠标右键，选择"删除标签"命令。

(4) 对齐 AP Div

对齐功能可以使两个或两个以上的 AP Div 按照某一边界对齐，方法是先选定所有的 AP Div，然后选择"修改"→"排列对齐"级联菜单中的某个菜单命令，即可实现对齐操作。在菜单中共有 4 种对齐方式。
- 左对齐：以最后选定的 AP Div 的左边线为标准，对齐排列 AP Div。
- 右对齐：以最后选定的 AP Div 的右边线为标准，对齐排列 AP Div。
- 上对齐：以最后选定的 AP Div 的顶边为标准，对齐排列 AP Div。
- 对齐下缘：以最后选定的 AP Div 的底边为标准，对齐排列 AP Div。

4. AP Div 属性设置

AP Div 属性的设置可通过"属性"面板实现，如图 3-63 所示。

图 3-63　AP Div "属性"面板

在"属性"面板中可以命名 AP Div，设置宽及高度、可见性、背景图像或颜色、溢出等。
- "CSS-P 元素"：AP Div 的名字，目前是默认设置。
- "左"和"上"：AP Div 左边框、上边框距文档左边界、上边界的距离。
- "宽"和"高"：AP Div 的宽度和高度。
- "Z 轴"：垂直平面方向上的 AP Div 的顺序号。
- "可见性"：AP Div 的可见性，包括"default"（默认）"inherit"（继承）"visible"（可见）"hidden"（隐藏）4 个选项。
- "背景图像"：用来为 AP Div 设置背景图像。
- "背景颜色"：用来为 AP Div 设置背景颜色。
- "类"：添加对所选 CSS 样式的引用。
- "溢出"：AP Div 内容超过 AP Div 大小时的显示方式，有"visible""hidden""scroll""auto"4 个选项。
- "剪辑"：指定 AP Div 的哪部分是可见的，输入的值是距离 AP Div 为 4 个边界的距离。

5. "AP 元素"面板

"AP 元素"面板主要用来管理网页中的 AP Div。使用该面板可防止重叠，更改 AP Div 的可见性，嵌套或堆叠 AP Div，以及选择一个或多个 AP Div。

在图 3-64 中，▨图标可用于设置 AP Div 的可见性，"ID"下的"apDiv*n*"表示每一个 AP Div 的名称，"Z"下的 1、2、3 等表示 AP Div 的堆叠顺序。

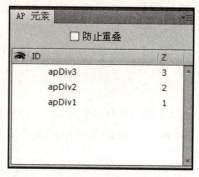

图 3-64 "AP 元素"面板

3.6.2 AP Div 的应用

AP Div 不但可以布局网页，还可以与行为结合应用以产生动态效果。

1. 拖动 AP 元素

在网页中直接插入的对象在浏览器中是不能通过拖动改变位置的，但如果把对象放在 AP Div 中，利用拖动 AP 元素行为就可以实现对象在浏览时任意拖放。

例 3-10 在网站"book"中为文件"game.html"中的图像设置拖动元素行为，要求网页打开后图像可拖动至相应的分类购物袋中。

素材所在位置：……\素材\课堂案例\案例素材\No3\book\……

效果所在位置：……\素材\课堂案例\案例效果\No3\book\……

步骤：

1）打开 Dreamweaver CS6 并创建站点，在"文件"面板中双击打开"game.html"文件。

2）将光标置于"game.html"页面内，打开"行为"面板，单击"添加行为"按钮▨，在弹出的列表中选择"拖动 AP 元素"命令，如图 3-65 所示。

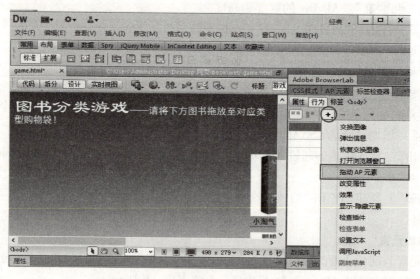

图 3-65 选择"拖动 AP 元素"命令

3）打开"拖动 AP 元素"对话框，在"AP 元素"下拉列表中选择要拖动的 AP Div 名称，单击"确定"按钮，如图 3-66 所示。

图 3-66 "拖动 AP 元素"对话框

4）事件选择"onLoad"，同理，其他 AP Div 设置的方法如上所示。保存文件并预览查看效果。

2. 显示/隐藏元素

显示/隐藏元素可以显示、隐藏一个或多个 AP Div。当用户和页面交互时，可实现相应的效果。

例 3-11 在网站"book"中为文件"author.html"内的图像"rw2.jpg"设置显示/隐藏效果。要求将鼠标指针移至图像上方时，图像右侧单元格显示作者信息；鼠标指针离开图像时，显示的作者信息隐藏。相关作者信息请查看文件夹"book"内的"text.txt"。

素材所在位置：……\素材\课堂案例\案例素材\No3\book\……

效果所在位置：……\素材\课堂案例\案例效果\No3\book\……

步骤：

1）打开 Dreamweaver CS6 并创建站点，在"文件"面板中双击打开"author.html"文件。

2）在图像"rw2.jpg"右侧单元格内插入一个 AP Div，要求大小和单元格大小一致，在 AP Div 内输入作者毕淑敏的信息，为文本应用 CSS 样式".cb"，如图 3-67 所示。

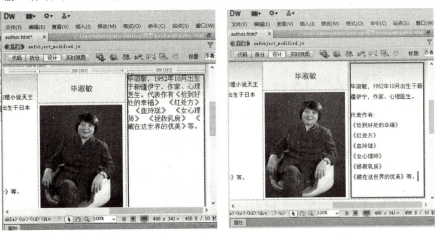

图 3-67 创建 AP Div 并为输入的信息设置 CSS 样式

3）选中图像"rw2.jpg"，打开"行为"面板，单击"添加行为"按钮 ，在弹出的列表中选择"显示-隐藏元素"命令。在打开的"显示-隐藏元素"对话框中将"apDiv2"设置为"显示"，单击"确定"按钮，在"行为"面板中设置事件为"onMouseOver"，如

图 3-68 所示。

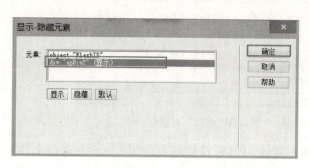

图 3-68　设置行为

4）继续打开"行为"面板，单击"添加行为"按钮 +，在弹出的列表中选择"显示-隐藏元素"命令。在打开的"显示-隐藏元素"对话框中将"apDiv2"设置为"隐藏"，单击"确定"按钮，设置事件为"onMouseOut"。

5）保存文件并预览查看效果。同理，为图像"rw3.jpg"和"rw4.jpg"设置显示-隐藏元素。

3.7 课堂案例——制作"西安翻译学院"首页

本案例中将分别制作学校网站的网页和图书网站中的网页，综合运用本章学习的知识点来创建和编辑网页元素。

3.7.1 案例目标

本案例主要制作学校网站的主页，在其中插入图像、视频等多媒体文件，并对其进行编辑，展示校园图像、重要通知、热点内容等，效果如图 3-69 所示。

图 3-69　"西安翻译学院"首页

素材所在位置：……\素材\课堂案例\案例素材\No3\xafy\……
效果所在位置：……\素材\课堂案例\案例效果\No3\xafy\……

3.7.2 操作思路

根据练习目标，结合本章知识，具体操作思路如下。

1）启动 Dreamweaver CS6，新建站点，创建主页"index.html"，将主页标题设置为"西安翻译学院-首页"。

2）设置页面背景颜色为"#CCC"、文本颜色为"#FFF"。

3）在页面第 1 行插入素材中的图像"效果图_02.gif""效果图_03.gif""效果图_04.gif"，换行后插入图像"效果图_06.gif"。

4）在页面左侧依次绘制 4 个 Ap Div 层（Ap Div1～Ap Div4），每个层的大小为宽 490 px、高 460 px、左边距 10 px、上边距 210 px。

5）依次在 4 个 Ap Div 中分别插入图像"jhtx1.jpg""jhtx2.jpg""jhtx3.jpg""jhtx4.jpg"，设置 4 张图像文件的大小和层窗口大小相同。

6）在左侧图像上依次绘制 4 个 Ap Div 层，依次输入序号"1、2、3、4"，设置层背景颜色为"#0000FF"，设置 4 个层的宽为 25 px、高为 25 px、左边距为 20 px，适当设置上边距，调整位置如图 3-70 所示。

图 3-70　页面左侧 Ap Div 效果

7）在相册的右侧绘制一个 Ap Div 层，设置宽为 500 px、高为 460 px、左边距为 705 px、上边距为 210 px，背景颜色吸取导航条中的背景色。

8）在右侧的层中输入标题"欢迎报考西安翻译学院"，应用"标题 2"的格式，设置从右向左的滚动方式。

9）在标题下方插入 3 条水平线，设置宽为 480 px，颜色为"#FFFF00"。

10）根据样张插入列表文字，内容来自素材中的"首页文字.txt"，设置嵌套列表。

11）设置列表下方的文字"more"为空链接，页面右侧的 AP Div 效果如图 3-71 所示。

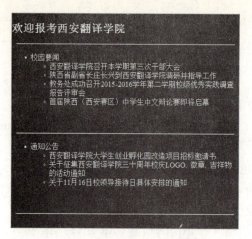

图 3-71　页面右侧的 Ap Div 效果

12）将页面中的光标定位到页面底端，依次插入图像"logo_01.gif""logo_02.gif""logo_03.gif""logo_04.gif""logo_05.gif""logo_06.gif""logo_07.gif""logo_8.gif""logo_9.gif""logo_10.gif""logo_11.gif"。

13）依次给页面左侧的 4 个按钮层（Ap Div5～Ap Div8）添加"显示-隐藏元素"的行为，如表 3-5 所示。

表 3-5　行为设置表

对象	动作	事件
Ap Div5	onMouseOver	Ap Div1 显示，Ap Div2 隐藏，Ap Div3 隐藏，Ap Div4 隐藏
Ap Div6	onMouseOver	Ap Div1 隐藏，Ap Div2 显示，Ap Div3 隐藏，Ap Div4 隐藏
Ap Div7	onMouseOver	Ap Div1 隐藏，Ap Div2 隐藏，Ap Div3 显示，Ap Div4 隐藏
Ap Div8	onMouseOver	Ap Div1 隐藏，Ap Div2 隐藏，Ap Div3 隐藏，Ap Div4 显示

14）在站点内新建网页"xygk.html"，将页面标题设置为"西译概况"，设置页面背景色为"#0CF"，文本颜色为"#FFF"。

15）在页面第一行输入标题"学院简介"，应用"标题 1"的格式，并设置段落居中。

16）在标题下方插入水平线，在水平线下方插入图像"gk_03.jpg""gk_05.jpg""gk_07.jpg""gk_09.jpg"。

17）在图像下方输入文字，内容来自素材"西译概况文字.txt"，保存页面。

18）在网站首页的导航条中的"西译概况"区域绘制图像热区，如图 3-72 所示，超链接到页面"xygk.html"。

图 3-72　绘制图像热区

19）在站点内新建网页"newwindows.html"，设置页面背景颜色为"#36F"，文本颜色为"#FFF"，页面字体为"隶书"。

20）输入文字，内容来自素材"小窗口文字.txt"，保存页面。

21）切换回首页"index.html"，给页面添加行为"打开浏览器窗口"，设置打开主页时打开"newwindows.html"页面，设置小窗口宽为500 px、高为400 px、窗口名称为"西安翻译学院"。

22）保存首页，并在浏览器中测试页面。

3.8 本章小结

本章首先介绍了多媒体的基础知识和常用的多媒体对象的插入方法，包括插入Shockwave影片、插入Flash动画、为网页添加音频、插入FLV视频、插入Applet、插入插件等具体操作方法。然后介绍了网页中的超级链接，以及超级链接的路径、内部链接、外部链接、空链接、电子邮件超链接、下载链接、锚记链接的创建方法。最后介绍了AP Div的相关内容，包括AP元素的基本操作、AP元素的相关行为。通过本章的学习，读者可以制作出更丰富多彩的网页，实现强大的页面控制能力。

3.9 课后习题——制作"个人网站"首页

根据提供的素材网页制作"个人网站"的首页，要求插入的图像要适合网页，字体符合网页的整体风格，完成后的参考效果如图3-73所示。

图3-73 "个人网站"首页

提示：要使图像适合网页，就需要在图像的"属性"面板调整图像，给网页添加"交换图像""弹出信息"等行为，需要在"行为"面板进行设置。

素材所在位置：……\素材\课后习题\习题素材\No3\我的空间\……

效果所在位置：……\素材\课后习题\习题效果\No3\我的空间\……

第 4 章　使用表格布局网页

学习要点：

- 在网页中插入表格
- 编辑表格
- 使用表格布局网页

学习目标：

- 熟悉表格的基本概念
- 掌握在网页中插入表格的方法
- 掌握表格和单元格的属性设置方法
- 掌握使用表格布局的技巧

导读：

表格是现代网页制作的一个重要组成部分。表格之所以重要，是因为它可以实现网页的精确排版和定位，还可以美化网页，使页面在形式上既丰富多彩又有条理，从而使页面显得更加整齐有序。使用表格排版的页面在不同平台、不同分辨率的浏览器中都能保持原有的布局。

4.1　表格概述

布局在网页设计中起着至关重要的作用，只有构建好网页布局，才能让网页中的元素"各就其位"，也才能制作出高水准的网页。表格是自网页出现以来使用最多、最容易上手的网页布局工具。在 Dreamweaver CS6 中，表格可以用于制作简单的图表，还可以用于网页文档的整体布局，本章主要介绍表格在网页制作中的应用。

4.1.1　表格的基本概念

Dreamweaver CS6 中的表格（Table）是由一个或多个单元格构成的集合，表格中横向的多个单元格称为行（在 HTML 语言中以<tr>标签开始，以</tr>标签结束），垂直的多个单元格称为列（以<td>标签开始，以</td>标签结束），行与列的交叉区域称为单元格，如图 4-1 所示。网页中的元素就放置在这些单元格中。单元格中的内容和边框之间的距离叫作边距，单元格和单元格之间的距离叫作间距。整张表格的边缘叫作边框。

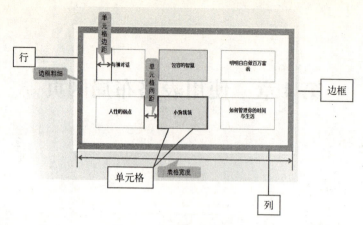

图 4-1 表格的各部分名称

4.1.2 表格的组成

一个完整的表格由多个 HTML 表格标签组合而成。其中，<table>和</table>是表格的起始标签和终止标签，所有有关表格的内容均位于这两个标签之间。<tr>和</tr>是表格的行标签，出现几对<tr>和</tr>，表格就包含几行。<td>和</td>是表格的列标签，位于<tr>和</tr>之间，出现几对<td>和</td>，表格就包含几列。

一个 2 行 3 列的表格的 HTML 代码如下：

```
<table>
<tr>
<td>Dreamweaver</td>
<td>Dreamweaver</td>
<td>Dreamweaver</td>
</tr>
<tr>
<td>Dreamweaver</td>
<td>Dreamweaver</td>
<td>Dreamweaver</td>
</tr>
</table>
```

在此基础上，为表格以及相关标签添加适当的属性，就构成了网页制作中丰富多彩的表格。

4.2 在网页中插入表格

表格不仅能够记载表单式的资料，规范各种数据和输入列表式的文字，而且还可以排列文字和图像。使用表格前首先需要插入表格。

4.2.1 插入表格

在网页文档中插入表格通常有 3 种方法。

1. 以菜单方式插入

选择菜单"插入"→"表格"命令，弹出新建表格的对话框，设置表格相关属性后，单击"确定"按钮，即可在网页中的光标所在位置插入表格。

2. 选择面板插入

选择"插入"面板中的"布局"选项卡，单击"表格"按钮 ，在弹出的"表格"对话框中即可完成表格的创建。

3. 快捷键插入

使用〈Ctrl+Alt+T〉组合键，同样也会打开"表格"对话框，从中即可创建表格，如图 4-2 所示。

图 4-2 "表格"对话框

"表格"对话框中各属性含义如下。

➢ "行数"和"列"：设置表格的行数和列数。

➢ "表格宽度"：设置表格宽度值，最常用的单位是"像素"或"百分比"。

提示：

"像素"通常使用 0 或大于 0 的整数来表示；"百分比"是相对于浏览器或其父级对象而言的，使用百分数来表示。两者的区别在于：当浏览器窗口或其父级对象的宽度发生变化时，使用"百分比"作为单位的表格宽度将随浏览器窗口发生同比例的变化，而使用"像素"作为单位的表格宽度将保持不变。

➢ "边框粗细"：是指整个表格边框的粗细，标准单位是像素。

提示：

整个表格外部的边框叫外边框，表格内部单元格周围的边框叫内边框，当边框的值为 0 时，表示无边框（或没有表格线）。

- "单元格边距"：也叫单元格填充，是指单元格内部的文本或图像与单元格边框之间的距离，标准单位是像素。
- "单元格间距"：是指相邻单元格之间的距离，标准单位是像素。
- "标题"：定义表格的标题。
- "摘要"：设置表格的摘要信息，用来对表格进行注释。

4.2.2 选择表格

要想在一个文档中对一个元素进行编辑，那么首先要选中它。同样，要想对表格进行编辑，首先也要选中它。在 Dreamweaver CS6 中选择表格元素的方法具体描述如下。

1. 选择整个表格

在 Dreamweaver CS6 中选取整个表格的方法主要有以下几种。

（1）通过单击单元格的边框线选择表格

将鼠标指针移至单元格边框线上，当其变为 ╫ 或 ╪ 形状时单击鼠标左键，当表格外框显示为黑色粗实线时，就表示该表格被选中了，如图 4-3 所示。

（2）通过单击表格边框线选择表格

将鼠标指针移至表格外框线上，当其变成 ╠ 形状时，单击鼠标左键即可将表格选中，如图 4-4 所示。

图 4-3　通过单击单元格边框线选择表格　　图 4-4　通过单击表格边框线选择表格

（3）通过单击表格标签<table>选择表格

在表格内部的任意单元格中单击鼠标左键，然后在标签选择器中单击对应的<table>标签（如图 4-5 所示），该表格即处于选中状态。

图 4-5　通过单击标签选择表格

（4）通过下拉列表选择表格

将插入点置于表格的任意单元格中，表格上方或下方将显示图 4-6 所示的绿线标志，单击最上方或下方标有表格宽度的绿线中的倒三角符号▼，在弹出的下拉列表中选择"选择表格"命令，如图 4-6 所示。

2. 选择行或列

要选择某行或某列，可将鼠标指针置于该行左侧或该列顶部，当其形状分别变为黑色箭头→或↓时单击鼠标左键，如图 4-7、图 4-8 所示。

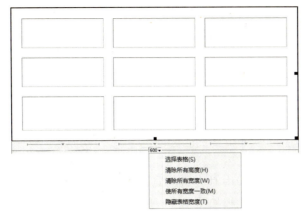

图 4-6 通过下拉列表选择表格

图 4-7 选择行

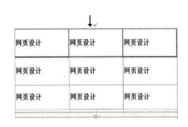

图 4-8 选择列

3. 选择单元格

在 Dreamweaver CS6 中可以选择单个单元格，也可以选择连续的多个单元格或不连续的多个单元格，下面分别介绍。

（1）选择单个单元格

要选择某个单元格，可首先将插入点置于该单元格内，然后按〈Ctrl+A〉组合键或单击标签选择器中对应的<td>标签。

（2）选择连续的多个单元格

要选择连续的多个单元格，应首先在要选择的单元格区域的左上角单元格上单击，然后按住鼠标左键向右下角单元格拖动，最后松开鼠标左键，如图 4-9 所示。

（3）选择不连续的单元格

如果要选择一组不相邻的单元格，可在按住〈Ctrl〉键的同时分别单击各个单元格，如图 4-10 所示，被单击的所有单元格则被选中。

图 4-9 选择连续的多个单元格

图 4-10 选择不连续的单元格

4.3 设置表格和单元格属性

在 Dreamweaver CS6 中,为了使创建的表格更加美观、醒目,需要对表格的属性(如表格的颜色、单元格的背景图像和背景颜色等)进行设置。设置表格属性和设置单元格的属性类似,都要求先选中相应的对象,然后在"属性"面板中输入相应的参数值即可。

4.3.1 设置表格属性

可以在表格的"属性"面板中对表格的属性进行详细的设置,在设置表格属性之前先要选中表格。表格的"属性"面板如图 4-11 所示。

图 4-11 表格的"属性"面板

表格"属性"面板中的各属性选项含义如下。
- "对齐":设置表格的对齐方式,有默认、左对齐、右对齐、居中对齐 4 种方式。
- "填充":设置表格内容与表格边框之间的距离,单位是像素。
- "间距":设置单元格间距,单位是像素。
- "边框":设置表格边框的宽度值,单位是像素。
- ▨:用于清除行高。
- ▨:用于清除列高。
- ▨:将表格宽度由百分比转化为像素。
- ▨:将表格宽度由像素转化为百分比。

操作点拨:

表格的"属性"面板中只能设置表格的部分属性,如果要编辑表格的其他属性,如边框、背景颜色、背景图像等属性,就要新建 CSS 样式,如图 4-12、图 4-13 所示。

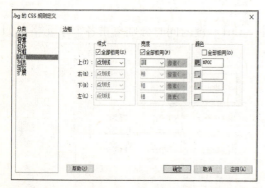

图 4-12 通过新建 CSS 样式设置表格边框

图 4-13 应用边框样式后的表格

4.3.2 设置单元格属性

将光标置于单元格中，该单元格处于选中状态，此时，"属性"面板会显示所有允许设置的单元格属性的选项，如图 4-14 所示。

图 4-14 单元格的"属性"面板

在单元格的"属性"面板中可以设置以下参数。
- "水平"：设置单元格内对象的水平排列方式。"水平"下拉列表框中共包含 4 个选项即"默认""左对齐""居中对齐""右对齐"。
- "垂直"：设置单元格内对象的垂直排列方式。"垂直"下拉列表框中共包含 5 个选项即"默认""顶端""居中""底部""基线"。
- "宽"和"高"：设置单元格的宽度或高度值。
- "不换行"：表示单元格的宽度将随文字长度的不断增加而加长。
- "标题"：将当前单元格设置为标题行。
- "背景颜色"：设置单元格背景颜色。

4.4 表格的基本操作

在网页中，表格用于对网页内容排版，如将文字或图片放在表格的某个位置。在一般情况下，插入单元格的内容都需要进行格式的设置和调整。

4.4.1 调整表格和单元格的大小

在文档中插入表格后，若想改变表格的高度和宽度，可先选中该表格，在出现 3 个控点后，将鼠标指针移动到控点上，当其变成⇔、↕或↘时，按住鼠标左键并拖动即可改变表格的高度和宽度。另外，也可以在"属性"面板中改变表格的宽度和高度。

如果要调整表格中行或列的大小，则将鼠标指针移到表格线处，当鼠标指针变为双箭头横线✳或双箭头竖线✥时拖曳鼠标，即可调整表格线的位置，从而调整了表格行或列的大小。

4.4.2 插入和删除行或列

1. 插入行或列

如果需要在已经插入的表格中插入行或列，有两种情况。

（1）在任意位置插入行或列

如果要在表格的任意位置插入行或列，应首先选中表格，然后在表格的"属性"面板中重新输入表格的行/列数，按"回车"键确认后，表格的行/列数会自动更新，如图 4-15 所示。

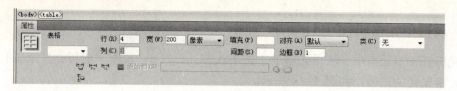

图 4-15　在"属性"面板改变表格行/列数

(2) 在指定位置插入行或列

如果要在表格的指定位置插入行或列,方法是选中对应的行或列后,选择菜单"修改"→"表格"→"插入行"/"插入列"命令,即可完成行或列的插入,如图 4-16 和图 4-17 所示。

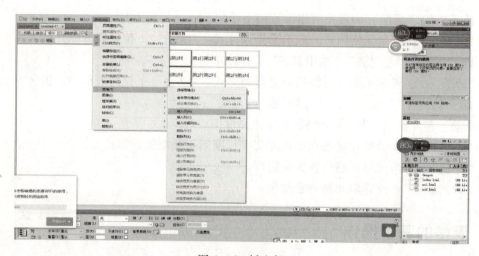

图 4-16　插入行

图 4-17　插入列

2. 删除行或列

删除表格中的某行或某列,应首先将光标置于要删除行或列的任意一个单元格中,选择菜单"修改"→"表格"→"删除行"/"删除列"命令,就可以删除当前行或列。

操作点拨：

删除行或列时，还可以单击鼠标右键，在弹出的快捷菜单中选择"表格"→"删除行"/"删除列"命令，删除选中的行或列。

4.4.3 拆分或合并单元格

在绘制不规则表格的过程中，经常需要将多个单元格合并成一个单元格，或者将一个单元格拆分成多行或多列。在采用简单表格布局的网页中，根据网页布局情况合并和拆分单元格是网页布局的关键工作。

1. 拆分单元格

拆分单元格就是将选中的表格单元格拆分成多行或多列。在使用表格的过程中，有时需要拆分单元格以达到自己所需的效果，具体操作步骤如下。

1）将光标置于要拆分的单元格中，选择菜单"修改"→"表格"→"拆分单元格"命令，弹出"拆分单元格"对话框，如图4-18和图4-19所示。

图4-18 "拆分单元格"命令

2）在"拆分单元格"对话框的"把单元格拆分"选项组中选择"列"单选按钮，将"列数"设置为2，单击"确定"按钮，则将单元格拆分成两列。

操作点拨：

拆分单元格还有以下两种方法。

① 将光标置于要拆分的单元格中，单击鼠标右键，在弹出的快捷菜单中选择"表格"→"拆分单元格"命令，弹出"拆分单元格"对话框，如图4-19所示，然后进行相应的设置。

② 单击"属性"面板中的"拆分单元格"按钮，弹出"拆分单元格"对话框，如图4-19所示，然后进行相应的设置。

图4-19 拆分单元格

2. 合并单元格

合并单元格就是将选中的单元格合并到一个单元格。要合并单元格，首先要将需合并的单元格选中，然后选择菜单"修改"→"表格"→"合并单元格"命令，将多个单元格合并成一个单元格，如图 4-20 所示。

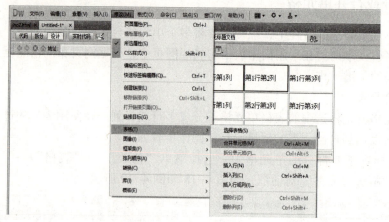

图 4-20 合并单元格

操作点拨：

合并单元格还有以下两种方法。

① 选中要合并的单元格，在"属性"面板中单击"合并单元格"按钮，即可合并单元格。

② 选中要合并的单元格，单击鼠标右键，在弹出的快捷菜单中选择"表格"→"合并单元格"命令，即可合并单元格。

4.4.4 剪切、复制、粘贴表格

表格也可以进行剪切、复制、粘贴等操作。操作步骤非常简单，选择要剪切或复制的表格，选择菜单"编辑"→"剪切"或者"拷贝""粘贴"命令即可，具体操作步骤如下。

1）选择要剪切的表格，选择菜单"编辑"→"剪切"命令即可将表格剪切，如图 4-21 所示。

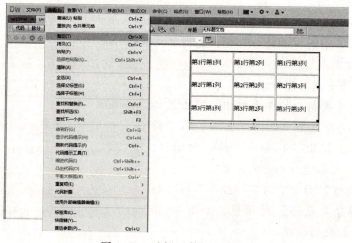

图 4-21 选择"剪切"命令

2）选择要复制的表格，选择菜单"编辑"→"拷贝"命令。

3）将光标置于表格下方，选择菜单"编辑"→"粘贴"命令即可。

4.4.5 在表格中插入内容

用表格布局网页时，可以根据需要在表格的某些单元格中插入文本、图像或各种多媒体对象。在表格中插入内容通常采用两种方法。

1. 直接在文档窗口中插入

如果要在表格中插入文字，直接输入到单元格即可；如果是在表格单元格里插入图像或其他媒体对象，选择菜单"插入"→"图像"/"媒体"命令，就可将相应的内容插入到表格的单元格中。

2. 利用剪贴板插入

用户也可以利用剪贴板插入内容。首先选中要插入的内容，然后选择菜单"编辑"→"复制"命令，将光标置于目标单元格中，再选择菜单"编辑"→"粘贴"命令，即可将复制的内容粘贴到表格单元格中。

4.5 使用表格布局网页

表格是网页制作中重要的布局对象，在网页布局中起着举足轻重的作用。熟悉并掌握表格的用法和使用表格布局网页是制作网页的基础。

4.5.1 使用简单表格布局网页

在制作网页的过程中，人们经常利用表格来布局和规划网页的版面。表格在网页制作中能很好地控制文本和图片，并且能让页面具有良好的易读性。同时，利用表格属性，设计者能够很容易地创建符合页面需求的表格。

使用表格布局网页就是在页面中插入一个表格，通过对行、列和单元格的设置和调整，实现网页元素的精确定位，完成页面布局，如图 4-22、图 4-23 所示。简单的表格布局适用于行、列比较规整，结构比较简单的网页。

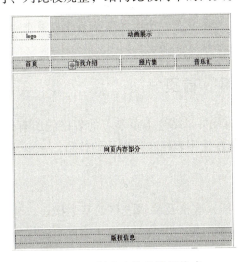

图 4-22　插入表格并设置格式

图 4-23　给表格填充内容

4.5.2 使用复杂表格布局网页

相对于简单表格排版来讲，复杂表格的排版通过更多次的拆分及合并，形成更加复杂的表格布局形式。

因为表格在拆分的过程中会影响其他单元格的结构，所以大多采用表格嵌套来实现。复杂表格嵌套的方法，一般由父表格规划整体的结构，由嵌套的子表格负责各个子栏目的排版，如图 4-24、图 4-25 所示，并将子表格插入到父表格的相应位置，这样可以使页面的各个部分互不冲突、清晰整洁、有条不紊。

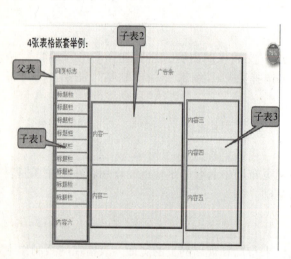

图 4-24　嵌套表格结构示例

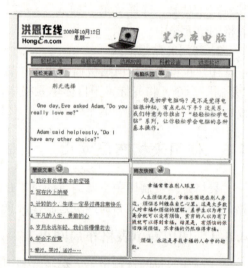

图 4-25　嵌套表格实例

同时，表格的作用不仅局限于页面的元素定位、排版布局，还可以美化整个页面。对于表格的这项功能，将在表格的综合应用中逐渐体会和掌握。

操作点拨：

使用复杂表格布局网页时需要注意，由于浏览器下载网页是采用逐层下载的形式，为了不影响网页的下载速度，在进行复杂表格排版时，应尽量将一个大的表格拆分成多个小的表格，由上至下排列，以最大限度地提高网页的浏览和检索速率。

4.6　课堂案例—— 制作"时尚家居网"首页

本课堂案例将制作完成网站"时尚家居网"的首页，结合本章学习的表格的所有知识，重点练习在网页中创建表格及编辑表格的方法，掌握使用表格布局网页的技巧。

4.6.1　案例目标

通过制作网页"时尚家居网"，熟悉在网页中插入表格及编辑表格的基本操作，掌握用表格布局网页的方法，进一步掌握在网页中插入各种对象，以及美化和丰富网页的操作及技巧，网页效果如图 4-26 所示。

素材所在位置：……\素材\课堂案例\案例素材\No4\ssjj\……

图 4-26 网页最终效果图

效果所在位置：……\素材\课堂案例\案例效果\No4\ssjj\……

4.6.2 操作思路

根据案例目标，结合本章所学知识，具体操作思路如下。

1）启动 Dreamweaver CS6，建立站点，设置站点名称为"时尚家居网"，新建网页 index.html，并设置网页标题为"时尚家居网"，如图 4-27 所示。

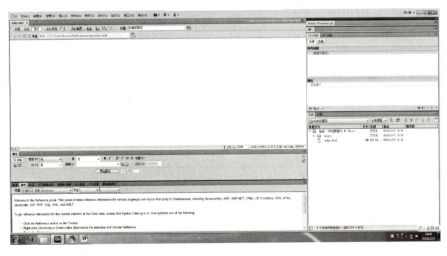

图 4-27 建立站点和网页

2）在网页中插入 7 行 2 列的表格，并设置表格居中对齐，效果如图 4-28 所示。

3）按照样图的要求对指定单元格进行合并，效果如图 4-29 所示。

4）分别设置表格中各个单元格的属性，包括宽度、高度和填充颜色，效果如图 4-30 所示。

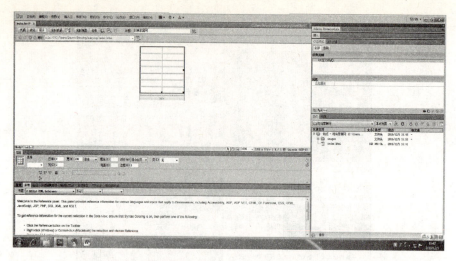

图 4-28 插入 7 行 2 列的表格

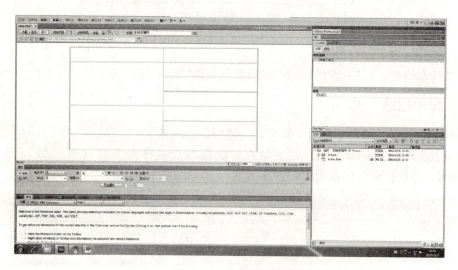

图 4-29 合并单元格

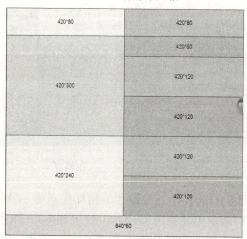

图 4-30 网页布局图

5）完善单元格的内容，如图 4-31 所示。

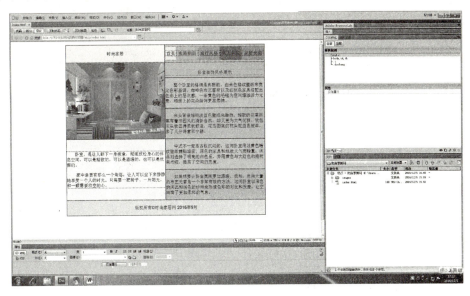

图 4-31　在单元格中插入图片

6）编辑单元格中的内容。

新建不同的 CSS 样式（如图 4-32 所示），分别设置标题文字格式：华文行楷，40 像素，加粗，居中对齐；设置导航栏中文字的格式：仿宋，20 像素，居中对齐；设置正文格式：16 像素，左对齐；设置单元格中图片和文字的混排方式：左对齐或右对齐；设置网页底部版权信息的格式：黑体，14 像素，居中对齐。

图 4-32　建立站点和网页

7）完成网页最终效果，如图 4-33 所示。

图 4-33 网页预览效果图

4.7 本章小结

本章主要介绍了表格的基本概念和基本操作，在 Dreamweaver CS6 中新建表格、编辑表格的方法，以及使用表格布局网页等主要内容。读者应重点掌握表格布局网页的方法和技巧。

表格是网页设计中一种最基本、最简单的布局技术，网页中的表格应该以简单明了的方式传递大量的信息。因此，使用表格布局网页要注意：一方面，设计巧妙的表格结构不仅可以使一个网页更具吸引力，而且可以增加其可读性；另一方面，使用表格布局网页时要注意主次分明，重点应该放在网页的内容上，无须对表格过度设计。

表格是早期网页制作中重要的布局对象，在网页布局中起着举足轻重的作用。但随着 CSS 的强大功能被人们所熟知和熟练应用后，更多的网页采用了 CSS+Div 的布局方法来制作网页。但对于初学者来讲，熟悉表格的用法和表格布局仍然是制作网页的"敲门砖"。

4.8 课后习题——制作网站"最美陕西"首页

使用表格实现网站"最美陕西"首页的布局，并完善网页的内容。

提示：根据提供的素材制作网站"最美陕西"的首页，要求用表格布局网页，根据需求对单元拆分或者嵌套，使布局合理，页面美观，可综合运用前几章所学的知识。网页设计完成后的效果如图4-34所示。

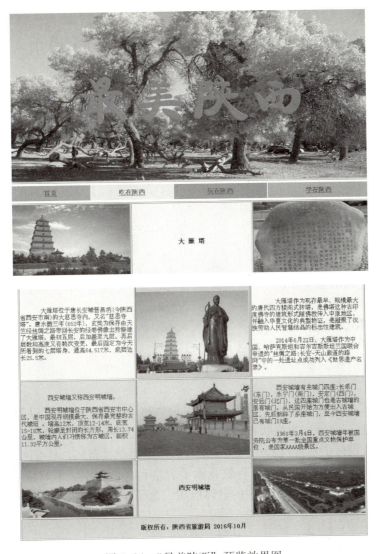

图4-34 "最美陕西"预览效果图

素材所在位置：……\素材\课后习题\习题素材\No4\zmsx\……
效果所在位置：……\素材\课后习题\习题效果\No4\zmsx\……

第 5 章 应用 CSS+Div 布局网页

学习要点：

- CSS 样式表
- CSS 样式属性
- Div 标签
- 盒子模型
- CSS+Div 布局

学习目标：

- 掌握 CSS 样式的基本知识
- 掌握 CSS 样式表文件的创建
- 掌握 CSS 样式属性的设置
- 掌握 CSS+Div 布局的思想、方法

导读：

使用 CSS 样式可以控制网页的外观，统一页面风格，减少重复工作以及后期的维护量。以盒子模型为基础，<div>作为块状容器类标签，可以作为独立的 HTML 元素为 CSS 样式所控制。所以，网页设计中常常将 CSS 与 Div 结合起来进行网页布局，具有网页布局结构的简洁、定位灵活、代码效率高等优点，有效克服了表格布局的缺点。本章将学习 CSS 的基本理论知识、CSS 在 Dreamweaver CS6 中的具体应用、盒子模型，以及利用 CSS+Div 的布局技术实现网页的制作。

5.1 CSS 样式表

为解决 HTML 结构标记与表现标记混在一起的问题，W3C（World Wide Web Consortium，万维网联盟）引入 CSS 规范，用以专门规范页面的表现形式。

5.1.1 基本概念

CSS（Cascading Style Sheet，层叠样式表），又称级联样式表，用于控制网页样式，并允许将样式信息与网页内容分离的一种标记性语言。样式即格式，用于控制 Web 页面布局、字体、颜色、背景等内容的显示方式。层叠是指一个对象被同时引用多个样式时，将依据样式的层次顺序处理，以解决冲突。

最早于 1996 年 12 月由 W3C 推出关于样式表的第一个标准 CSS 1.0，之后又不断地充实

样式表，于 1998 年发布了 CSS 2.0/2.1 版本。随着互联网日新月异的发展，2001 年 5 月，W3C 开始开发朝着模块化发展的 CSS 第 3 版——CSS 3，其将 CSS 分解为一些小的模块，更多新的模块也被加入进来，如盒子模型、列表模块、超链接方式、语言模块、背景和边框、文字特效、多栏布局等。图 5-1 所示为使用 CSS 美化的网页。

图 5-1　使用 CSS 美化的网页

CSS 样式表的优点如下。
➢ 实现网页内容结构与格式控制的分离。
➢ 实现对页面更加精确的控制，丰富网页内容的展示效果。
➢ 方便对网页的维护及快速更新。
➢ 减少网页的下载时间。

5.1.2　基本语法

一个样式表由若干样式规则组成，每个样式规则就是一条 CSS 的基本语句，包含选择器（Selector）、属性（Property）和值（Value）3 部分。具体格式及组成的含义如下：

```
选择器名
{
    属性 1:值;
    属性 2:值;
    ⋮
    属性 n:值;
}
```

选择器（Selector）：指样式编码所针对的对象。可以是 HTML 标记，如 body、table 等；也可以是自定义名称的类、ID 等。

属性（Property）：是 CSS 样式控制的核心，对于每个选择器，CSS 都提供了丰富的样式属性，如颜色、大小、定位和浮动方式等。

值（Value）：指属性的值，不同的属性其值有不同的表示方式，如 align 属性，其值只能是 left、right、center 等；color 属性，其值可以用"#"加十六进制数表示，也可以用颜色对应的英文单词表示；width 属性，其值需手动输入，范围为 0~999。

例如，将网页内所有段落内的文字设置为黑体、文字大小为 18 px、文字颜色为红色、居中显示，其代码如下：

  p{font-family:"黑体";font-size:18px;color:red;text-align:center;}

5.1.3 CSS 选择器类型

选择器是 CSS 中很重要的概念，所有 HTML 语言中的标记样式都通过不同的 CSS 选择器进行控制，换句话说，CSS 选择器实现了网页元素的准确定位。选择器有标签选择器、类选择器、ID 选择器、伪类选择器、复合选择器 5 种，下面分别介绍。

1. 标签选择器

标签选择器是以 HTML 标签作为名称的选择器，如 body、table、h1 等。由于标签选择器的名字不需要用户自定义，是已有的 HTML 标签，所以，标签选择器不需要应用，且都有默认的显示样式。标签选择器实现了重新定义 HTML 元素，当使用 CSS 样式重新定义后，页面内所有使用该标签的内容都会自动应用新样式。例如：

  p{font-family:"华文楷体";font-size:36px;color:#FF0000;}

2. 类选择器

类选择器以"."开头，名称由用户自定义。类选择器可以应用于网页中的任何对象，是选择器中最灵活、应用最广泛的选择器。使用时只需在定义选择器后，在所需要修改的标签中用 class 属性进行声明即可。例如，将某个<p>标签的样式定义为红色，则在相应的<p>标签中添加如下代码。

  .s1{font-size:36px;color:#F00;}
  <p class="s1">内容</p>

3. ID 选择器

ID 选择器以"#"号开头，也是需要用户自定义的选择器，使用方法同类选择器基本相同，不同之处在于，ID 选择器在一个 HTML 中只能调用一次，针对性强。使用时在所需要修改的标签中用 id 属性进行声明。ID 选择器多应用在 CSS+Div 的设计中，经常和 Div 标签配合使用。例如：

  #top{height:150px;width:400px;}
  <div id="top">内容</div>

4. 复合选择器

一般情况下，复合选择器的有两种使用方法。一种是要定义的多个选择器的样式一样时，可以使用复合选择器同时为这几个选择器定义样式，如 h1,h2,h3{color:red;font-size:23px;}；另一种是用于对超链接样式的重新定义，有如下几种样式的指定形式。

➢ a：link 用来指定未被访问的超链接使用的样式。
➢ a：visited 用来指定已被访问过的超链接使用的样式。
➢ a：hover 用来指定鼠标指针悬浮在超链接上时使用的样式。
➢ a：active 用来指定激活超链接时使用的样式。

在默认情况下，超链接的样式如下。
➢ a：link 的字体颜色为蓝色，超链接带下画线。
➢ a：visited 的超链接字体颜色变为紫红。
➢ a：hover 的鼠标指针变成手状。
➢ a：active 无特殊效果。

提示：

由于 CSS 优先级的关系，在书写复合选择器的 CSS 样式时一定要按照 a：link、a：visited、a：hover、a：active 的顺序书写。

提示：

选择器的命名规范如下。
① 由任意字母、数字和下画线组成，不能以数字开头；
② 命名时做到"见名知意"，尽量选择有意义的单词或缩写组合，方便查找。

5.1.4 CSS 样式的位置

在网页中插入 CSS 样式表的方法有内嵌样式、内部样式表和外部样式表。

1. 内嵌样式

内嵌样式又称为内联样式表，是指在 HTML 标记里加入 style 属性，style 属性的内容就是 CSS 的属性和值，格式如下：

```
<标签 style="属性:属性值;属性:属性值…">
```

内嵌样式是网页中插入 CSS 样式表的最简单的方法，但由于需要为每个标记设置 style 属性，代码冗余，不便于后期维护，所以，实际中不推荐使用。

2. 内部样式表

内部样式表是将 CSS 样式放到该页面的<head>区内，只对所在网页有效，样式表是用<style>标记插入的，格式如下：

```
<head>
<style type="text/css">
<!--
选择器{属性:属性值;属性:属性值…}
  ⋮
-->
</style>
</head>
```

3. 外部样式表

外部样式表是指把样式表保存在 HTML 文件外部,以一个样式表文件(.css)的形式存在,不同于内部样式表——它只能被包含该 CSS 样式的一个网页引用,外部样式表可以被多个网页使用。应用外部样式表可以解决多个网页保持一致的显示效果,完成统一、美观的页面设计。应用外部样式表具体又分为链接外部样式表和导入外部样式表。

(1)链接外部样式表

链接外部样式表就是当浏览器读取到 HTML 文件样式表的链接标签时,向所链接的外部样式表文件索取样式,通常将<link>标记放在页面的<head>区内来链接到这个样式表文件,完成调用,格式如下:

```
<head>
⋮
<linkhref="外部样式表文件名.css" rel="stylesheet" type="text/css" >
⋮
</head>
```

href="外部样式表文件名.css"指.css 的 URL;rel="stylesheet"是指在页面中使用外部的样式表;type="text/css"是指文件的类型是样式表文件。

(2)导入外部样式表

导入外部样式表是指当浏览器读取 HTML 文件时,复制一份样式表到这个 HTML 文件中,即在内部样式表的<style>里用@ import 导入一个外部样式表,格式如下:

```
<head>
⋮
<style type="text/css">
<!--
@ import "外部样式表的文件名 1.css"
其他样式表的声明
-->
</style>
⋮
</head>
```

提示:

导入外部样式表必须在样式表的开始部分,在其他内部样式表上面。

5.2 CSS 在 Dreamweaver 中的应用

上一节介绍了 CSS 的理论部分,从本节起介绍 CSS 的实践部分,即借助软件 Dreamweaver CS6 完成 CSS 的各种相关操作。

5.2.1 创建 CSS 样式表

一般而言,在 Dreamweaver 中创建 CSS 样式表的方法有两种。

1. 通过"CSS 样式"面板

使用 Dreamweaver CS6 提供的"CSS 样式"面板，可以非常方便地创建 CSS 样式表，如图 5-2 所示。方法：单击面板下方的"新建 CSS 规则"按钮，即可打开图 5-3 所示的"新建 CSS 规则"对话框。

 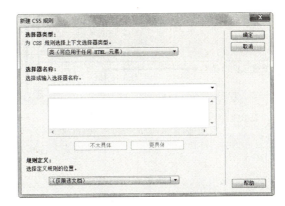

图 5-2 "CSS 样式"面板　　　　图 5-3 "新建 CSS 规则"对话框

操作点拨：

打开"CSS 样式"面板的方法：选择菜单"窗口"→"CSS 样式"命令，或者按〈Shift+F11〉组合键。

其中，"新建 CSS 规则"对话框中各部分含义如下。

- ➢ 选择器类型：在"选择器类型"下拉列表中选择要创建的选择器类型，包括类（可应用于任何 HTML 元素）、ID（仅应用于一个 HTML 元素）、标签（重新定义 HTML 元素）、复合内容（基于选择的内容）。
- ➢ 选择器名称：选择或输入选择器的名称，名称命名要规范。
- ➢ 规则定义：在"规则定义"下拉列表中选择添加样式的方式，有仅限该文档或者新建样式表文件两种方式。

2. "属性"面板中的 CSS 选项卡

在"属性"面板的 CSS 选项卡中，单击"编辑规则"按钮，如图 5-4 所示，同样可以打开图 5-3 所示的对话框。

图 5-4 "属性"面板

5.2.2 管理 CSS 样式表

创建样式表后就需要对它进行管理，常见的有修改样式表、应用样式表、删除样式表、复制样式表、重命名样式表、附加样式表等。借助 Dreamweaver CS6 中的"CSS 样式"面板可以很容易地进行样式表的管理，如图 5-5 所示。

1. 修改样式表

样式表创建完后，如若有误或设置不全，可以对已有样式进行再编辑，即样式的修改。

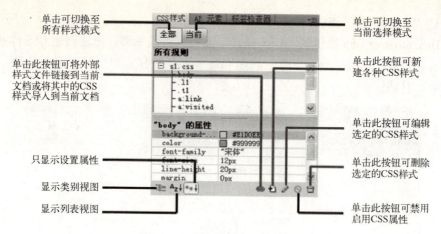

图 5-5 "CSS 样式"面板功能

修改样式表的方法如下。

1）选中"CSS 样式"面板中选择器的名称。

2）单击"CSS 样式"面板下方的"编辑样式"按钮，或者在"CSS 样式"面板中双击样式表的名称，打开该规则的"CSS 样式"面板以进行修改。此外，还可以直接在"CSS 样式"面板中的样式属性列表中修改。

2. 应用样式表

样式表创建、修改好后，给相应的文档应用自定义 CSS 样式的方法如下。

1）在文档中选择将要应用 CSS 样式的文本。

2）在"属性"面板中的 HTML 选项卡中选择自定义的类选择器、ID 选择器，如图 5-6 所示。或者在"属性"面板的 CSS 选项卡中，在"目标规则"下拉列表中选择用户自定义的选择器，如图 5-7 所示。

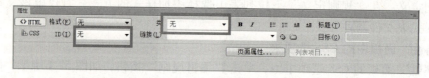

图 5-6 在"属性"面板的 HTML 选项卡应用 CSS 样式

图 5-7 在"属性"面板的 CSS 选项卡应用 CSS 样式

3. 删除样式表

删除样式表，指删除元素已经应用的样式，方法如下。

1）选中要删除样式的对象或文本。

2）在 HTML"属性"面板的"类"下拉列表中选择"无"，即可删除类样式。或者在"属性"面板的"ID"下拉列表中选择"无"，即可删除 ID 样式。

操作点拨：

单击"CSS 样式"面板底部的"删除 CSS 规则"按钮，可将样式在网页中删除，而"属性"面板中的"无"，是删除指定对象应用的样式，其他对象的样式仍然存在。

4. 复制样式表

若需要复制样式表，可以在"CSS 样式"面板中，在要复制的 CSS 类样式上单击鼠标右键，在弹出的快捷菜单中选择"复制"命令，即可弹出图 5-8 所示的对话框。

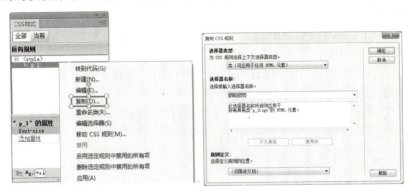

图 5-8 复制 CSS 样式表

5. 重命名样式表

若需要重新命名样式表的名称，可以在"CSS 样式"面板中，在要重新命名的 CSS 类样式上单击鼠标右键，在弹出的快捷菜单中选择"重命名类"命令即可。

6. 附加样式表

附加样式表，即将 CSS 保存为文件，与 HTML 分离，从而减少 HTML 文件大小，加快页面加载速度，同时实现将一个外部样式表文件应用于多个页面。当改变该样式表文件时，所有应用此样式表的页面的样式都随着改变，有利于后期的修改、编辑，减少了网站开发的工作量，实现了页面风格的统一。

在 Dreamweaver CS6 中，通过单击"CSS 样式"面板下方的"附加样式表"按钮，打开"链接外部样式表"对话框，单击"浏览"按钮，选择已经存在的 CSS 文件，实现外部样式表的链接或者导入，如图 5-9 所示。

图 5-9 附加样式表

5.2.3 CSS 样式属性

Dreamweaver 中的 CSS 样式里包含了 W3C 规范定义的所有 CSS 的属性，Dreamweaver 中这些属性分为类型、背景、区块、方框、边框、列表、定位、扩展 8 个部分。下面详细介绍"CSS 样式"面板中常用的设置文本样式、背景样式、区块样式、方框样式、边框样式、列表样式的方法。

1. 设置文本样式

用于 CSS 规则定义的对话框中的"类型"选项组，主要是对文字的字体、大小、颜色、效果等基本样式进行设置，如图 5-10 所示，各属性选项含义如下。

- Font-family（字体）：用于设置当前样式所使用的字体。这个属性按照优先顺序列出的字体名称，浏览器由前向后选用字体。
- Font-size（字号）：设置文本大小。可以使用字体尺寸的绝对值，使用毫米（mm）、厘米（cm）、英寸（in）、点数（pt）、像素（px）、pica（pc）、ex（小写字母 x 的高度）或 em（字体高度）作为度量单位；也可以使用相对大小。
- Font-style（样式）：设置字体的特殊格式，normal 表示正常体，italic 表示斜体，oblique 表示偏斜体。
- Font-weight（粗细）：设置字体的粗细值，normal 相当于 400，bold 相当于 700，bolder 相当于 900。
- Font-variant（变体）：设置文本的小型大写字母变体。
- Text-decoration（修饰）：设置文字的下画线、上画线、删除线、闪烁等。常规文本的默认设置是 none，链接的默认设置是"下画线"。
- Text-transform（大小写）：设置文本的大小写，capitalize 表示首字母大写；uppercase 表示大写；lowercase 表示小写；none 表示默认值。
- Line-height（行高）：设置文本所在行的高度，选择"正常"将由系统自动计算行高和字体大小，或者直接输入一个具体的值。
- Color：设置文本颜色，可以通过颜色选择器选择，也可以直接输入颜色值。

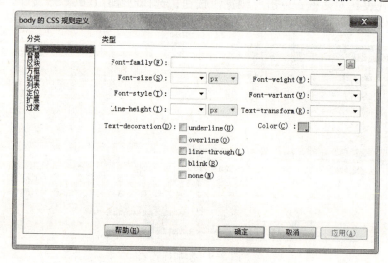

图 5-10 "类型"选项组

2. 设置背景样式

用于 CSS 规则定义的对话框中的"背景"选项组，主要对页面、表格、区域等对象的背景颜色和背景图像进行设置，如图 5-11 所示。

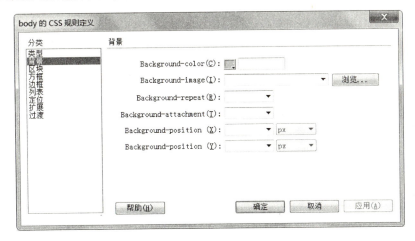

图 5-11 "背景"选项组

各属性选项含义如下。

- Background-color（背景颜色）：设置元素的背景颜色。
- Background-image（背景图像）：设置元素的背景图像。
- Background-repeat（重复）：设置背景图像的重复方式。no-repeat 表示不重复平铺背景图片，以原始大小显示；repeat（默认值）表示图像从水平和垂直角度平铺；repeat-x 表示图像只在水平方向上平铺；repeat-y 表示图像只在垂直方向上平铺。
- Background-attachment（附件）：有"固定"和"滚动"两个选项，指背景图像是固定在屏幕上还是随着它所在的元素而滚动。
- Background-position(X)（水平位置）：指定背景图像在水平方向的位置，left 相对前景对象左对齐；center 相对前景对象中心对齐；right 相对前景对象右对齐。
- Background-position(Y)（垂直位置）：用于指定背景图像在垂直方向的位置，top 相对前景对象顶对齐；center 相对前景对象中心对齐；bottom 相对前景对象底对齐。

3. 设置区块样式

CSS 规则定义对话框中的"区块"选项组，主要设置对象文本的文字间距、对齐方式、上标、下标、排列方式、首行缩进等，如图 5-12 所示。

各属性选项含义如下。

- Word-spacing（单词间距）：设置英文单词之间的距离。
- Letter-spacing（字母间距）：设置字符或英文字母间距。
- Vertical-align（垂直对齐）：设置元素的垂直对齐方式。baseline 表示以基准线对齐；sub 以下标的形式对齐；super 以上标的形式对齐；top 表示顶对齐；text-top 表示相对文本顶对齐；middle 表示中心线对齐；bottom 表示底部对齐；text-bottom 表示相对文本底对齐。
- Text-align（水平对齐）：设置元素的水平对齐方式。left 表示左对齐；right 表示右对

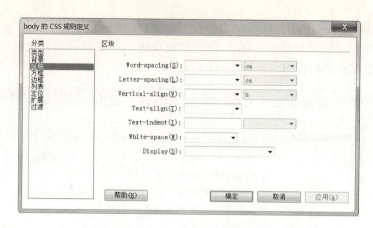

图 5-12 "区块"选项组

齐；center 表示居中对齐；justify 表示两端对齐。
- Text-indent（文本缩进）：设置每段中第一行文本缩进的距离。
- White-space（空格）：如何处理元素中的空格。normal 表示合并连续的多个空格；pre 表示保留原样式；nowrap 表示不换行，直到遇到
标签。
- Display（显示）：设置是否及如何显示元素。

4. 设置方框样式

CSS 规则定义对话框中的"方框"选项组，主要设置对象的边界、间距、高度、宽度和漂浮方式等，如图 5-13 所示。

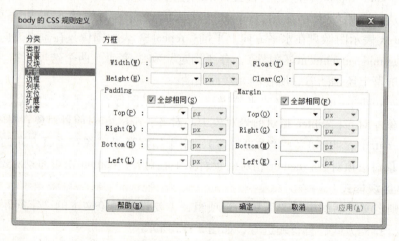

图 5-13 "方框"选项组

各属性选项含义如下。
- Width（宽）：设置元素的宽度。
- Height（高）：设置元素的高度。
- Float（浮动）：设置元素的漂浮方式。left 表示对象浮在左边；right 表示对象浮在右边；none 表示对象不浮动。
- Clear（清除）：不允许元素的漂浮。left 表示不允许左边有浮动对象；right 表示不允许右边有浮动对象；none 表示允许两边都可以有浮动对象；both 表示不允许有浮动对象。
- Padding：设置元素内容与其边框的空距（如果元素没有边框，就是指页边的空白）。可以设置上补白、右补白、下补白、左补白的值。
- Margin：设置元素的边框与其他元素之间的距离（如果没有边框，就是指内容之间的距离）。可以分别设置上边界、右边界、下边界、左边界的值。

5．设置边框样式

CSS 规则定义对话框中的"边框"选项组，用于设置对象边框的宽度、颜色及样式，可以有多种用途，比如作为装饰元素或者作为划分两部分的分界线，如图 5-14 所示。

图 5-14 "边框"选项组

各属性选项含义如下。
- Style（样式）：设置边框样式。可以设置为 none（无边框）、dotted（点线）、dashed（虚线）、solid（实线）、double（双线）、groove（凹槽）、ridge（凸槽）、inset（凹边）、outset（凸边）等边框样式。
- Width（宽度）：设置元素边的宽度。可以分别设定上边宽、右边宽、下边宽、左边宽的值。
- Color（颜色）：设置边框的颜色。可以分别对每条边设置颜色。

6．设置列表样式

CSS 规则定义对话框中的"列框"选项组，可以设置列表项样式、列表项图片和位置，如图 5-15 所示。

各属性选项含义如下。
- List-style-type（类型）：设置项目符号预设的不同样式。disc 表示实心圆（默认值）；circle 表示空心圆；square 表示实心方块；decimal 表示阿拉伯数字；lower-roman 表示小写罗马数字；upper-roman 表示大写罗马数字；lower-alpha 表示小写英文字母；upper-alpha 表示大写英文字母；none 表示不使用项目符号。
- List-style-image（项目符号图像）：设置作为对象的列表项标记的图像。none 表示不指定图像（默认值）；url 表示使用绝对或相对 URL 地址指定图像。
- List-style-Position（位置）：设置作为对象的列表项标记如何根据文本排列。outside

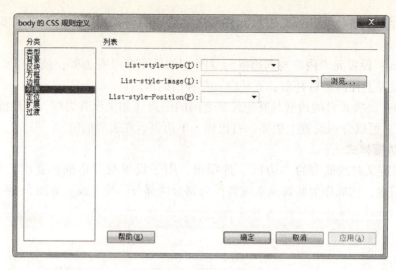

图 5-15 "列表"选项组

表示列表项目标记放置在文本以外，且环绕文本不根据标记对齐（默认值）。inside 表示列表项目标记放置在文本以内，且环绕文本根据标记对齐。

5.3 课堂案例 1——制作"星座网站"

本课堂案例是制作"星座网站"。

要求：此网站包含 3 张网页，其中，"星座网"主页 index.html，如图 5-16 所示；"白羊座"网页 Aries.html，如图 5-17 所示；"金牛座"网页 Taurus.html，如图 5-18 所示。

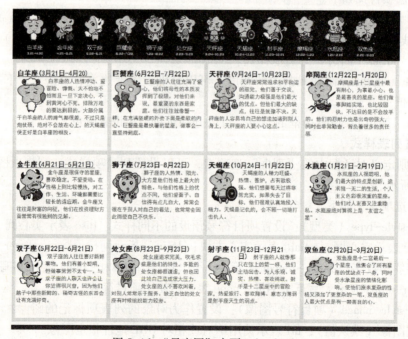

图 5-16 "星座网"主页 index.html

白羊座性格特点

爱恨分明不吃回头草

白羊座的人爱恨分明，爱就是爱，恨就是恨。在爱情上，白羊是相当干脆的，不喜欢拖泥带水，属于行动派。他们最不能忍受一厢情愿。凡是白羊座的人决定不要的东西，绝不会再捡回来，否则他无颜面对自己。不吃回头草，也是白羊座人好强的证据。

乐观乃天性不是不悲观

白羊座天性乐观，但长大后遭遇到困难了，他们也会悲观到了极点。只不过悲观归悲观，既然不想死，活下去就得乐观点，日子才会有趣些。因此白羊座的人只不过是不把悲观当一回事，并不是不悲观。而他们乐观的天性极具感染力，你得稳着点，以免误陷入一塌糊涂的乐观之中。

爆发型的浪漫

白羊座的人当然是浪漫的，但是属于爆发型的浪漫。一点一滴积出来的浪漫，对白羊座来说，强度不够，只觉累赘、厚重，这种浪漫容易分叉、断裂。白羊座喜欢在庆典的夜晚，与情人并肩仰望烟火在夜空中爆放出光芒万丈，而那也正象征着爱情发生的瞬间，这是最浪漫不过的事情了。

正经八百的，会要他的命

白羊座出现在高贵、华丽的场合中，不会显得格格不入，但是他自己却难受得要命，因为他不能自在地跷二郎腿，不能在高兴时放浪形骸。正经八百的场合会要他的命。

爱情是一生中最大的课题

白羊是很容易不耐烦的。对他们来说，爱情有两种，一种是真的，一种是假的。假的爱情，极易发生在冲动而善感的白羊座身上，但很快会结束，并且会像是从未发生过。真正的爱情，是白羊座一生中最大的课题，他总觉得这个课题怎么写也写不完整。

返回主页

图 5-17 "白羊座" 网页（Aries.html）

金牛座性格特点

第一眼印象决定喜恶

第一眼的印象，决定一头牛对你的喜恶。他不会轻易抛弃这第一印象，即使是成见，他也不会认为自己看错你。你可能在后来的努力中，让他觉得你有你不可能忽视的优点，但他还是会常想起他对你的第一眼坏印象，不会放弃继续严密考核你的任何机会。

喜欢货比三家

牛们都相信一分钱一分货，也多半会货比三家。他们可能买了一件昂贵的衬衫的品牌给你看，只会从质感以及他觉得「值得」之处，来说服你它确值这么多钱。 很多人以为牛很爱钱，其实牛并不拜金，不过赚钱的感觉很好，赚得多很多的钱感觉更好！钱所带来的安全感，使一头牛觉得人生是可以期待的！

美食主义吃饭皇帝大

金牛座的人是美食主义者。他并不一定爱山珍海味，但是即使是一碗鱿鱼羹，也必讲究精致美味。在他心中永远有"正宗、招牌、老字号"的口味。虽然牛座的人烹饪技术不差，但他更喜欢品尝好厨师的手艺。

以大面积、大色块来表达感情

含蓄而缓慢的爱情速度，是金牛座追求伴侣的方式。当一头牛陷入情网的心理后，会一心一意地要对你表现出他的奉献、牺牲的美德。金牛座的人心思细腻，牛不愿给人一种小家子气或穷酸的感觉，他表达感情的方总是以大面积、大色块来处理。

传统而不保守，情绪是头号敌人

金牛座对历史很敏感，所以也愿意尊重"传统"，但他们又是很放得开的非保守派人士。对事业有创造性的眼光，使得金牛座的人创业的时候，朋友对他都有信心。牛能咬牙撑过创业维艰的时期，却在事业遇到突破性的瓶颈问题时，会闹情绪。情绪化是牛的大敌。

返回主页

图 5-18 "金牛座" 网页（Taurus.html）

107

5.3.1 案例目标

本案例主要是各种 CSS 选择器的创建和应用,以及 CSS 样式表文件的导入、链接等。
素材所在位置:……\素材\课堂案例\案例素材\No5\星座网\……
效果所在位置:……\素材\课堂案例\案例效果\No5\星座网\……

5.3.2 操作思路

根据练习目标,结合本章知识,具体操作思路如下。

1)新建站点,在站点文件夹中新建网站主页 index.html,在主页中插入 1 行 1 列的表格,设置宽度为 1 034 像素,边框为 0,居中显示,在表格中插入图片 tu.png。

2)继续在主页中插入 3 行 4 列的表格,设置宽度为 1 034 像素,边框为 0,间距为 10 像素,填充 2 像素,居中显示,将素材中的文字复制到相应的单元格,并插入对应星座的图片。

3)在网页下部插入水平线,设置宽度为 1 032 像素,高度为 10 像素,颜色为 "#9933FF"。

4)新建 ID 选择器#tu,在 CSS 规则定义对话框的方框分类中,设置宽度为 1 034 像素,高度为 124 像素,在"属性"面板中为 tu.png 应用#tu 样式。

5)新建标签选择器 img,在 CSS 规则定义对话框的方框分类中,设置宽度为 80 像素,高度为 92 像素,浮动左对齐。

6)新建类选择器.table_bg,在 CSS 规则定义对话框的背景分类中,设置背景颜色为"#EFEDED",选中 3 行 4 列的表格,在"属性"面板中为表格应用类.table_bg。

7)新建类选择器.table_td,在 CSS 规则定义对话框的背景分类中,设置背景颜色为"#FFFFFF",选中所有单元格,在"属性"面板中为单元格应用类.table_td。

8)新建类选择器.table_title,在 CSS 规则定义对话框的类型分类中,设置字体为黑体,大小为 18 像素,颜色为"#614161",在"属性"面板中为表格中所有的标题应用类.table_title。

9)新建类选择器.table_word,在 CSS 规则定义对话框的类型分类中,设置字体为黑体,大小为 14 像素,颜色为"#999",行高为 19 像素,在"属性"面板中为表格中所有的文字应用类.table_word。

10)在浏览器中预览调试,并保存网页 index.html。

11)在站点文件夹中新建网站子页 Aries.html,在子页中插入 1 行 1 列的表格,设置宽度为 965 像素,边框为 0,居中显示,在表格中插入图片 aries.png。

12)继续在子页中插入 1 行 2 列的表格,设置宽度为 965 像素,边框为 0,间距为 20 像素,填充为 5 像素,居中显示,输入文字"白羊座性格特点",将素材中的"白羊座性格特点.txt"文字复制到表格,并插入图片 a_1.png。

13)新建 mycss.css 样式表文件,在该样式表文件中建立类选择器.tu_float,在 CSS 规则定义对话框的方框分类中,设置浮动左对齐,在"属性"面板中为图片 a_1.png 应用类.tu_float,如图 5-19 所示。

14)在 mycss.css 样式表文件中建立类选择器.title_1,在 CSS 规则定义对话框的类型分

图 5-19 新建 CSS 规则并保存样式表文件 mycss.css

类中，设置字体为黑体，大小为 24 像素，行高为 48 像素，颜色为#6382FF，在"属性"面板中为输入的文字"白羊座性格特点"应用类.title_1。

15）在 mycss.css 样式表文件中建立类选择器.title_2，在 CSS 规则定义对话框的类型分类中，设置字体为幼圆，大小为 20 像素，行高为 40 像素，颜色为#333，在"属性"面板中给所有标题应用类.title_2。

16）在 mycss.css 样式表文件中建立类选择器.word，在 CSS 规则定义对话框的类型分类中，设置字体为幼圆，大小为 20 像素，颜色为#333，在"属性"面板中为所有正文应用类.word。

17）关于表格背景颜色和单元格背景颜色的样式设置同步骤 6）、7）。

18）在网页最后输入"返回主页"，设置返回主页的文字链接到"index.html"，设置其 CSS 样式，字体为幼圆，大小为 24 像素，颜色为#333。

19）在浏览器中预览调试，并保存网页 Aries.html。

20）第三张网页"金牛座"网页 Taurus.html 的做法同子页 Aries.html，将相应的图片、文字复制到表格。

21）利用"CSS 样式"面板的"附加样式表"按钮将 mycss.css 文件直接链接到该网页，如图 5-20 所示，为相应的内容应用 CSS 样式即可。

22）在浏览器中预览调试，并保存网页 Taurus.html。

23）在主页 index.html 中设置白羊座、金牛座的文字链接，将其分别链接到子页 Aries.html 和 Taurus.html，预览并保存网页。

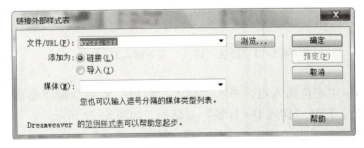

图 5-20 链接 mycss.css 样式表

5.4 CSS+Div

随着互联网的不断发展,网站重构也迫在眉睫,采用传统的表格布局已无法满足网页制作的要求。Web 标准提出的网页内容与表现的分离,以及 CSS+Div 布局,已成为当今网页制作的主流技术。

5.4.1 Div 概述

Div 全称为 Division,意为"划分",作用是设定字、图像、表格等对象的摆放位置。Div 相当于一个容器,由起始标签<div>和结束标签</div>组成,可以容纳段落、表格、标题、图片等各种 HTML 元素,通常由 CSS 样式控制,实现网页的布局。

CSS+Div 布局的优点如下。
➢ 缩减了页面代码,提高了页面的浏览速度。
➢ 缩短了网站的改版时间,只需简单修改 CSS 文件即可实现改版。
➢ 方便用户将很多网页的风格同时更新。
➢ 方便搜索引擎的快速搜索。

1. 创建 Div 标签

Div 标签的插入方法与表格的插入方法相似,区别仅在于,在插入 Div 标签的同时可以为其设置 CSS 样式。具体插入方法有两种。

1) 在文档窗口中定位插入点,选择菜单"插入"→"布局对象"→"Div 标签"命令,打开"插入 Div 标签"对话框,如图 5-21 所示。

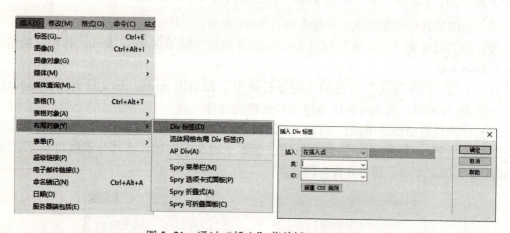

图 5-21 通过"插入"菜单插入 Div 标签

2) 在文档窗口中定位插入点,单击"插入"面板"常用"或"布局"类别中的"插入 Div 标签"按钮,打开"插入 Div 标签"对话框,如图 5-22 所示。

设置需要的参数后单击"确定"按钮,即在插入点所在位置插入 Div。

图 5-22　通过"插入"面板插入 Div 标签

2. 选择 Div 标签

要对 Div 执行某项操作，首先需要将其选中，在 Dreamweaver CS6 中选择 Div 标签的方法有两种，如图 5-23 所示。

图 5-23　选择 Div 标签

1）将鼠标指针移至 Div 周围的任意边框上，当边框显示为红色实线时单击鼠标。
2）将插入点置于 Div 中，单击"标签选择器"中相应的<div>标签。

例 5-1 在网页中自上而下插入 3 个并列的 Div，分别命名其 ID 为#top、#content、#bottom。

在#content 的 Div 中插入两个并列的 Div，分别对其 ID 命令为#left、#right。5 个 Div 的关系如图 5-24 所示，样图如图 5-25 所示。

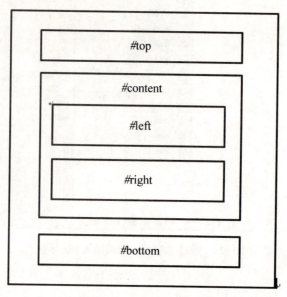

图 5-24 5 个 Div 的层次关系

图 5-25 设计视图中的 5 个 Div

操作步骤如下。

1）新建站点，在站点文件夹中新建网页 div.html，在文档窗口中定位插入点，单击"插入"面板"常用"或"布局"类别中的"插入 Div 标签"按钮，打开"插入 Div 标签"对话框，在对话框中的 ID 项中输入"top"，单击"确定"按钮。

2）选中 ID 为#top 的 Div，按下键盘上的〈→〉键（确保此时标签选择器是<body>），再次单击"插入 Div 标签"按钮，在对话框中的 ID 项中输入"content"，单击"确定"按钮。此过程插入的两个 Div 是并列的关系。

3）依照步骤 2），插入 ID 为#bottom 的 Div，确保以上 3 个 Div 是并列的关系。

4）将插入点定位在#content 的 Div 内，单击"插入 Div 标签"按钮，在对话框中的 ID 项中输入"left"，单击"确定"按钮。#content 和#left 是嵌套的关系。

5）选中 ID 为#left 的 Div，按下键盘上的〈→〉键（确保此时标签选择器是<div#content>），再次单击"插入 Div 标签"按钮，在对话框中的 ID 项中输入"right"，单击"确定"按钮。#content 和#right 是嵌套的关系，#left 和#right 是并列的关系。

提示：

插入嵌套的 Div 或是并列的 Div，最简单的方法是切换到"拆分"视图，在"拆分"视图的代码窗口中定位插入点。代码窗口中的 5 个 Div 的关系如图 5-26 所示。

```
<body>
<div id="top">此处显示  id "top" 的内容</div>
<div id="content">此处显示  id "content" 的内容
  <div id="left">此处显示  id "left" 的内容</div>
  <div id="right">此处显示  id "right" 的内容</div>
</div>
<div id="bottom">此处显示  id "bottom" 的内容</div>
</body>
</html>
```

图 5-26　代码窗口中的 5 个 Div 的关系

5.4.2　盒子模型

CSS 中的盒子模型（Box Model）将页面中的每个 HTML 元素都看作是一个矩形盒子，这个盒子由元素的 content（内容）、padding（内边距）、边框（border）、外边距（margin）、组成，如图 5-27 所示。

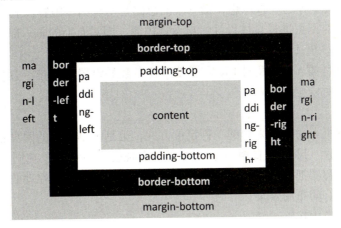

图 5-27　CSS 盒子模型

其中，content 指盒子里面存放的内容，可以是文本、图片、表格等任何类型，并可设置其宽度（width）、高度（height）和溢出（overflow）。

padding 指盒子里面的内容到盒子的边框之间的距离，可以理解为内容的背景区域，常用属性有 padding-top（上内边距）、padding-right（右内边距）、padding-bottom（下内边距）、padding-left（左内边距）。

border 指盒子本身的边框，属性有 border-style、border-width 和 border-color。其中，具

113

体到每一属性又分为 border-top（上边框）、border-right（右边框）、border-bottom（下边框）、border-left（左边框）4 个边。

margin 指盒子边框外和其他盒子之间的距离，外边距可使盒子之间不必紧凑地连接在一起。外边距的属性有 margin-top（上外边距）、margin-right（右外边距）、margin-bottom（下外边距）、margin-left（左外边距）。在默认情况下，盒子的边框是无，背景色是透明，所以，在默认情况下看不到盒子。

在 Dreamweaver CS6 中，通过 CSS 规则定义对话框的"方框"和"边框"选项组设置盒子模型中的各参数，如图 5-28 所示。

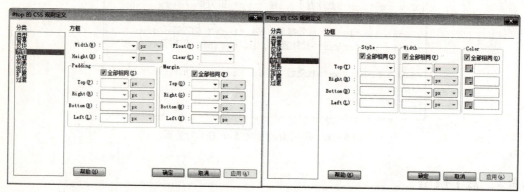

图 5-28 盒子模型在 CSS 规则定义对话框中的设置

5.4.3 CSS+Div 布局

CSS+Div 是网页设计的一种思想，最基本的思路是实现网页内容和表现的分离，其基本过程是先布局，即对网页进行总体设计，再设计内容，即对布局的每一部分进行设计。布局过程中对盒子的 CSS 描述，以及对内容的 CSS 样式的应用，都体现了内容和表现的分离。

布局的过程就是插入 Div 及对 Div 盒子模型各参数的设置及定位。具体的定位技术有 3 种：浮动定位、绝对定位、相对定位。

1. 浮动定位

浮动定位是网页布局最常采用的一种定位方式，也是本书推荐的网页布局方法。其本质是通过改变块级元素（block）的默认显示方式，实现多个块级对象在同一行显示。使用浮动时，经常用一个容器把各个浮动的盒子组织在一起，即实现多个浮动的盒子嵌套在一个盒子中，从而达到更好的布局效果。

浮动定位主要应用在以下情况。

➢ 用于图像，使文本围绕在图像周围。
➢ 用于实现在文档中分列。
➢ 用于创建全部网页布局。

在 Dreamweaver CS6 中，利用 CSS 规则定义对话框中"方框"选项组中的 float 属性实现浮动定位。浮动的取值有 left（左对齐），使浮动对象靠近其容器的左边；right（右对齐），使浮动对象靠近其容器的右边；none（无），表示对象不浮动。

提示：

浮动非替换元素时要指定一个明确的宽度，否则它们会尽可能的窄；假如在一行之上只有极少的空间可供浮动元素，那么这个元素会跳至下一行，这个过程会持续到某一行拥有足够的空间为止。

2. 绝对定位

绝对定位也是一种常用的 CSS 定位方式，前面学习的 Dreamweaver 中的层布局就是一种简单的绝对定位方法。绝对定位在 CSS 中的写法是 position：absolute。它以父标签的起始点为坐标原点，应用 top（上）、right（右）、bottom（下）、left（左）进行定位。对整个网页布局时，父标签为 body，坐标原点在浏览器的左上角。

在 Dreamweaver CS6 中，利用 CSS 规则定义对话框中的"定位"选项组实现绝对定位，如图 5-29 所示。各属性选项的含义如下。

- ➢ Position：设置对象的定位方式，包括 absolute（绝对定位）、relative（相对定位）、static（无特殊定位）。
- ➢ Visibility：设置对象定位层的最初显示状态，包括 inherit（继承父层的显示属性）、visible（对象可视）、hidden（隐藏对象）。
- ➢ Z-Index：设置对象的层叠顺序。编号较大的层会显示在编号较小的层上边。变量值可以是正值，也可以是负值。
- ➢ Overflow：设置层的内容超出了层的大小时如何处理，包括 visible（增加层的大小，从而将层的所有内容显示出来）、hidden（保持层的大小不变，将超出层的内容剪裁掉）、scroll（总是显示滚动条）、auto（只有在内容超出层的边界时才显示滚动条）。

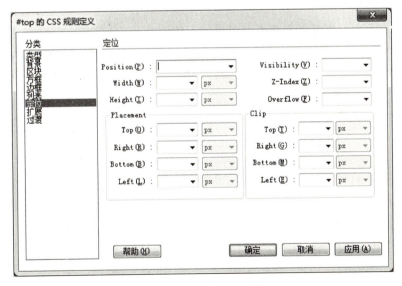

图 5-29 "定位"选项组

- ➢ Placement：设置对象定位层的位置和大小，可以设置为 left（左边定位）、top（顶部定位）、width（宽）、height（高）。
- ➢ Clip：设置定位层的可视区域。区域外的部分为不可视区，透明的。可以理解为在定位层上放一个矩形遮罩的效果。

3. 相对定位

相对定位是指通过设置水平或垂直位置的值，让这个元素"相对于"它原始的起点进行移动。相对定位在 CSS 中的写法是 position：relative。它以元素默认的位置参照定位，应用 top（上）、right（右）、bottom（下）、left（左）进行定位。

提示：

即便将某元素进行相对定位，并赋予新的位置值，元素仍然占据自己的原始页面位置，移动后会导致覆盖其他元素。在 Dreamweaver CS6 中，亦是利用 CSS 规则定义对话框中的"定位"选项组实现相对定位。

5.5 课堂案例 2——制作"七彩云南"网站

制作"七彩云南"网站，结合以上 CSS+Div 的理论部分，通过练习具体说明使用 CSS+Div 布局技术开发网站的过程。

5.5.1 案例目标

首先，使用 Div 对页面整体规划；其次，使用 CSS 定位设计各块的位置；最后，为各块插入内容并进行 CSS 样式设置。

素材所在位置：…\素材\课堂案例\案例素材\No5\七彩云南\……

效果所在位置：…\素材\课堂案例\案例效果\No5\七彩云南\……

5.5.2 操作思路

制作"七彩云南"网站的操步思路分成如下几步：

1）首先，使用 Div 将页面在整体上进行分块，页面由 banner、content、links、footer 几个部分组成，ID 表示各个版块，页面内所有的 Div 都属于 container，如图 5-30 所示。

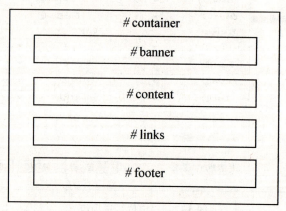

图 5-30　使用 Div 对页面整体规划

2）新建网页文件 index.html，在页面中插入图 5-30 所示的 Div。具体插入 Div 的方法见 5.4.1 小节中的例 5-1，这里就不再重复讲述操作步骤了。页面中的代码如下所示。

```
<body>
<div id="container">此处显示 id "container" 的内容
<div id="banner">此处显示 id "banner" 的内容</div>
```

```
<div id=" content">此处显示 id "content" 的内容</div>
<div id="links">此处显示 id "links" 的内容</div>
<div id=" footer">此处显示 id "footer" 的内容</div>
</div>
</body>
```

3）其次，使用 CSS 定位设计各块大小、位置。其中，最外面的 div#container 容器居中显示，div#banner 位于页面的上方，div#content 和 div#links 二者并列于页面中部，div#footer 位于页面最底部，如图 5-31 所示。

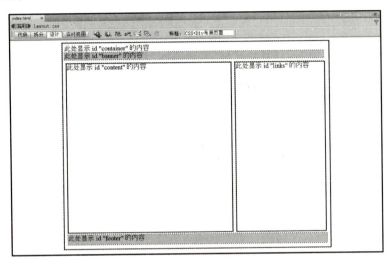

图 5-31 使用 CSS 定位设计各块的位置

4）选中 div#container，在"新建 CSS 规则"对话框中设置选择器类型和选择器名称，这里设置名称为 container，在"规则定义"下拉列表中选择新建 CSS 样式表文件，单击"确定"按钮，在弹出的"将样式表文件另存为"对话框中，将样式表文件命名为"layout.css"，单击"确定"按钮，即可弹出关于 container 的 CSS 样式设置，具体参数设置如图 5-32 所示。注意，为保证整个页面的居中效果，设置 div#container 的 Margin 属性的

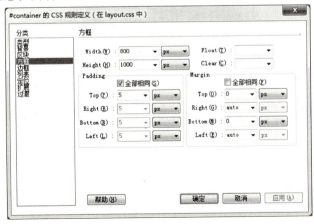

图 5-32 div#container 的方框属性设置

Right 和 Left 属性值为"auto"即可。此外,为便于后期网站的维护,将本站点的所有 div 的样式都存到"layout.css"文件中。

5)由于盒子模型在默认情况下没有边框,背景是透明的,所以即便进行了上述设置,人们仍然看不到它。为方便布局效果的查看,布局初期往往给各 div 加上边框或者背景。这里为 div#container 设置边框,各属性设置如图 5-33 所示。当给各 div 块添加内容后,就可以去掉不需要的边框或者背景了。

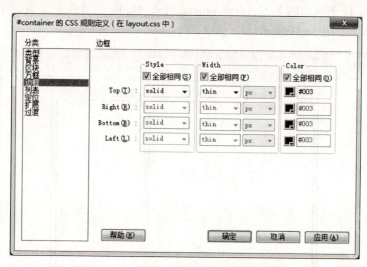

图 5-33　div#container 的边框属性设置

6)在"layout.css"的样式表文件中设置 div#banner 的各属性:width,780 px;margin-right,5 px;margin-bottom,5 px;background-color,#CCC。

7)在"layout.css"的样式表文件中设置 div#content 的各属性,如图 5-34 所示。在此对话框中通过设置浮动为左对齐来定位 div#content 的位置。同时,也给该 div 加上了边框。

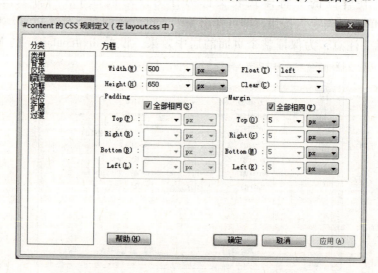

图 5-34　div#content 的方框属性设置

8）在"layout.css"的样式表文件中设置 div#links 的各属性，如图 5-35 所示。

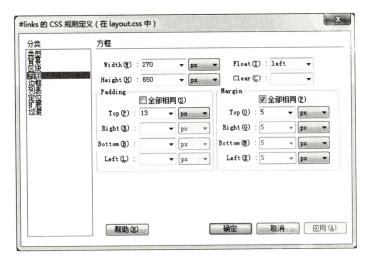

图 5-35　div#links 的方框属性设置

9）在"layout.css"的样式表文件中设置 div#footer 的各属性，如图 5-36 所示。
10）预览并保存网页。

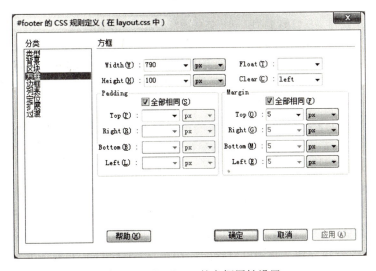

图 5-36　div#footer 的方框属性设置

11）最后给网页中的各块 div 插入内容，并设置其 CSS 样式，如图 5-37 所示。

12）在 div#banner 中插入图片 y.gif，设置图片的宽度为 101 px，高度为 130 px；删除提示文字"此处显示 id "banner" 的内容"，将图片连续复制 6 次，图片之间用空格隔开，将 div#banner 中的内容居中。

13）在 div#content 中删除提示文字"此处显示 id "content" 的内容"，插入 4 行 2 列的表格，设置宽度为 500 px，边框为 0，在表格的第一列依次插入图片 dl.jpg、lj.jpg、km.jpg、xsbn.jpg。

图 5-37 "七彩云南"网站主页效果图

14）新建样式表文件 my.css，此样式表中存放关于网页内容的样式设置。在该样式表中新建类 .img_1，设置其方框的宽度为 240 px，高度为 150 px。为步骤 13）中插入的 4 张图片应用类 .img_1。

15）将主页中的文字素材插入上述对应的单元格中。在新建样式表文件 my.css 中，为插入文字创建 CSS 样式 .text_1，设置字体为黑体，大小为 18 px，颜色为#333，行高为 19 px，为上述文字应用样式 .text_1。

16）在 div#link 中删除提示文字"此处显示 id "links" 的内容"。在 div#link 中插入 5 行 2 列的表格，设置边框为 0，宽度为 256px，居中显示。为上述表格新建 CSS 样式 .table_1，设置表格的边框样式，设置线型为实线，宽度为 1 px，颜色为#09F，为表格应用样式。将第一行的两个单元格合并，插入图片 1_1.png，在第 2~5 行的第 1 列依次插入 1_2.png、1_3.png、1_4.png、1_5.png；在第 2~5 行的第 2 列依次插入文字"大理""丽江""昆明""西双版纳"，设置其水平居中对齐，并设置空链接。为超链接文字创建 CSS 样式 a.my: link，设置字体为华文彩云，大小为 30 px，颜色为#06F；a.my: visited，设置字体为华文彩云，大小为 30 px，颜色为#F3C，给超链接文字应用样式，如图 5-38、图 5-39 所示。

17）继续在 div#link 中插入 2 行 1 列的表格，边框为 0，宽度为 256 px，居中显示。为表格应用样式 .table_1。在第一行输入文字"旅游工具箱"，为文字创建 CSS 样式 .text_2，设置字体为华文行楷，大小为 30 px，颜色为#FFF，加粗，给文字应用样式；设置第一行的背景颜色为#2D9FF8。在第二行插入图片 1_6.png，居中显示。

18）继续在 div#link 中插入 2 行 1 列的表格，边框为 0，宽度为 256 px，居中显示。为表

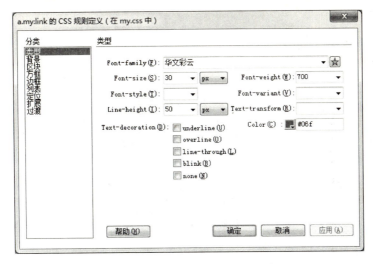

图 5-38 复合选择器 a.my：link 设置

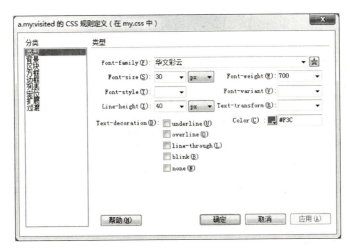

图 5-39 复合选择器 a.my：visited 设置

格应用样式.table_1。在第一行输入文字"友情链接",为文字应用 CSS 样式.text_2,设置第一行的背景颜色为#2D9FF8。在第二行输入"中国国旅""携程旅行""途牛网旅游官网",设置其列表样式,并设置其外部链接。

19) 在 div#footer 中插入水平线,高度为 10 px,颜色为#666,删除提示文字"此处显示 id "footer" 的内容",同时输入如样张所示的文字:"Copyright© 1997-2016 AAA Corporation,All Rights Reserved 客户服务热线：4006900000 违法和不良信息举报电话：029-4088876 举报邮箱：XXXXfox @ 163.com",设置文字的 CSS 样式.text_3,设置字体为 Verdana、Gennva、sans-serif,大小为 16 px,颜色为#000,加粗,水平居中,给文字应用样式。

20) 保存并预览网页效果。

21) 在上述操作的基础上,改版网页布局,效果如图 5-40 所示。

22) 在"layout.css"的样式表文件中复制 ID 选择器#content,并将其命名为#content1,修改#content1 的 Float 属性为 right,如图 5-41 所示。

图 5-40 改版后的"七彩云南"网站主页效果图

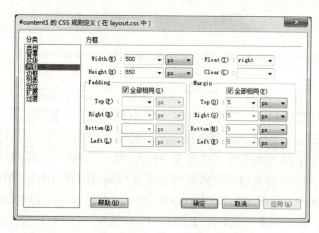

图 5-41 修改#content1 的 Float 属性

23)选中标签选择器 div#content,在"属性"面板中修改其 ID 为 content1。

24)保存并预览网页。

25)在上述操作的基础上,设置网站子页 dali.html,给网页中的各块 div 插入内容,并设置其 CSS 样式，效果如图 5-42 所示。

图 5-42　dali.html 网页效果图

26）在"layout.css"的样式表文件中复制 ID 选择器#container，并将其命名为#container_z，添加其背景颜色属性，如图 5-43 所示。

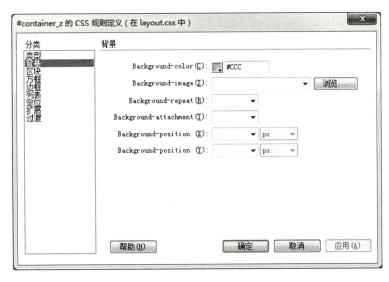

图 5-43　添加#container_z 的背景颜色属性

27)选中标签选择器 div#container,在"属性"面板中修改其 ID 为#container_z。

28)在"layout.css"的样式表文件中复制 ID 选择器#content,并将其命名为# content _z,去掉其边框,添加其属性背景颜色为白色。选中标签选择器 div#content,在"属性"面板中修改其 ID 为# content _z。

29)在 div#content 中插入素材中的文字及图片 dl_1.jpg,设置标题文字样式.title_1 和正文文字样式.text,具体设置参数如图 5-44、图 5-45 所示。

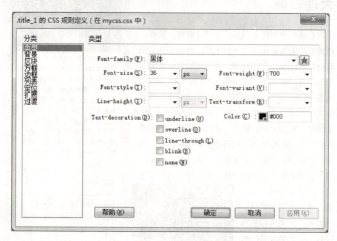

图 5-44 .title_1 属性设置

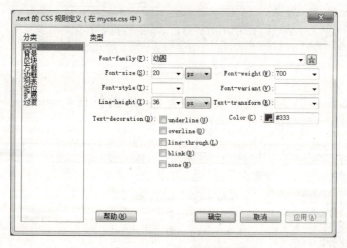

图 5-45 .text 属性设置

30)在 div#links 中插入 4 行 1 列的表格,分别在表格中插入 dl_2.jpg,并插入相应文字。其中,"建议游玩天数"栏的样式为.text_z{font-family:"黑体";font-size:16px;color:#000;line-height:24px;font-weight:300;margin-top:0px;margin-right:10px;margin-bottom:0px;margin-left:10px;}。

31)"特价机票"栏的样式为.table_z4{font-family:"黑体";font-size:18px;color:#333;}。

32)"西安—大理"栏的样式为.table_z1{font-family:"黑体";color:#03F;font-size:

16px;line-height:30px;}。

33)"2016-11-18"栏的样式为 .table_z2{font-family:"黑体";font-size:14px;color:#000;}。

34)"￥168"栏的样式为 .table_z3{font-family:"黑体";font-size:14px;color:#F00;}。

35)div#footer 中文字的样式为 .text_3{font-family:Verdana,Geneva,sans-serif;font-size:14px;line-height:16px;color:#000;text-align:center;}。

36)保存并预览网页。

5.6 本章小结

本章主要介绍了 CSS 的基础知识、如何在 Dreamweaver CS6 中实现 CSS 设置、盒子模型、CSS+Div 布局，这对于复杂页面的排版至关重要。本章只简单地介绍了 float 实现的定位，更复杂的布局还要将 float 与 position 相结合，实现特殊的效果，详见相关参考书。

5.7 课后习题

1. 使用 div 完成 CSS+Div 布局，其中，div 的宽度、高度自定义，效果如图 5-46 所示。
2. 对上述第 1 题进行改版，实现图 5-47 所示的页面。
3. 对上述第 2 题进行改版，实现图 5-48 所示的页面。

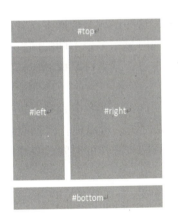
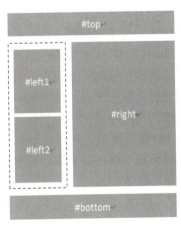
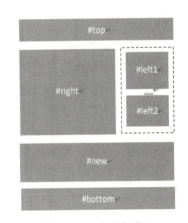

图 5-46　div 布局页面　　图 5-47　改变版式 1　　图 5-48　改变版式 2

4. 自定义网站主题，为上述页面插入内容。

第 6 章　框架、模板和库

学习要点：

- 创建框架
- 框架的基本操作
- 创建和管理模板
- 创建和使用库

学习目标：

- 掌握框架的创建和基本操作
- 掌握模板的创建和管理
- 掌握库的创建和使用

导读：

由于网络信息量与日俱增，单一页面形式已很难满足需要，故框架技术应运而生。框架的作用就是把网页划分为若干个区域，每个区域都是独立的网页，这些区域里的网页既各自独立又相互联系。即在一个浏览器窗口中，用框架制作的网页能同时显示多个不同的网页文档，从而使网页内容更加丰富，结构更加清晰。通过本章内容的学习，读者可掌握创建框架和编辑框架网页的基本技巧，从而轻松地创建各种框架网页。

为了使站点保持统一的风格或使站点中的多个文档包含相同的内容，避免分别对其进行编辑，可以使用 Dreamweaver 提供的模板和库。利用模板和库建立网页，可以使创建网页与维护网站更方便、快捷。它们可以使整个网站具有统一风格，节省网页制作的时间，提高网站的制作效率，给管理整个网站带来很大方便。

6.1　框架

框架技术的使用可以减少很多不必要的重复工作。比如可以将一些不需要更新的网页元素放在一个框架内，作为单独的网页文档，这个文档是不变的，其他经常更新的内容放在主框架内。例如，在同一网站的多个网页中，网页上部的 Logo 和导航条是完全相同的，可以将这些相同的部分各自做成一个网页，作为框架的一部分，而在框架的其他部分装载其余网页内容。

6.1.1　框架概述

1. 框架结构的组成

框架（Frames）技术是由框架集（Frameset）和框架（Frame）组成的。框架是构成框架页面的组成部分，每个框架实质上都是一个独立存在的 HTML 文档。框架集是框架的集合。框架集本身并不包含任何可见内容，它只是一个容器，用于指定要在框架中显示的其他网页及其显示方式。

2. 框架结构的优缺点

框架的优点如下。
➢ 有统一的风格。
➢ 便于修改。
➢ 方便访问。

框架的缺点如下。
➢ 早期浏览器和某些特定浏览器不支持。
➢ 使用框架结构页面会影响网页的浏览速度。
➢ 不同框架中各页面元素的精确对齐较难实现。

6.1.2 创建框架网页

1. 创建预定义框架

Dreamweaver 预定义了多种框架集。使用预定义框架集，可以简单快速地创建基于框架的排版结构，其具体操作步骤如下。

1）新建空白 HTML 文档，选择菜单"插入"→"HTML"→"框架"命令，在"框架"子菜单中选择预定义的框架集，如图 6-1 所示。

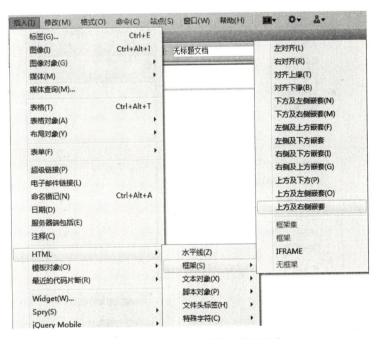

图 6-1　创建预定义框架的菜单命令

2）选择一个框架集后，弹出"框架标签辅助功能属性"对话框，各框架均采用默认标题，也可以重新编辑各框架标题，如图 6-2 所示。

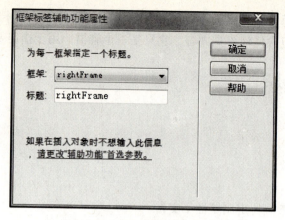

图 6-2　设置框架标题属性

3）单击"确定"按钮，完成预定义框架集的创建。

2. 创建嵌套框架

如果在一个框架集内，不同行或列中有不同数目的框架，则使用嵌套框架集。嵌套框架就是在一个框架内再嵌套一个框架集，大多数使用框架的网页实际上都是使用嵌套框架。创建嵌套框架的具体操作步骤如下。

1）将光标置于插入嵌套框架的框架中。

2）选择菜单"修改"→"框架集"命令，如图 6-3 所示。在子菜单中选择一种拆分方式，即可创建一个框架集，然后用鼠标调整框架窗口大小。

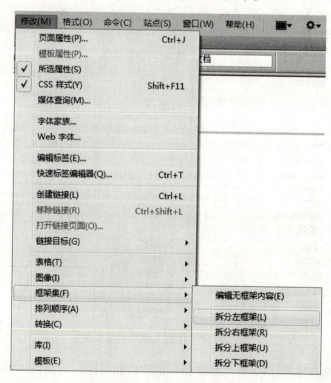

图 6-3　创建嵌套框架菜单命令

操作点拨：

也可以选择菜单"插入"→"HTML"→"框架"命令，在"框架"子菜单中选择一种框架集类型来创建嵌套框架。

6.1.3 框架的基本操作

创建了框架集和框架之后，还需要对其进行编辑和修改，如框架和框架集的选择、保存等。

1. 选择框架和框架集

（1）利用"框架"面板选择

选择菜单"窗口"→"框架"命令，打开"框架"面板，在"框架"面板中单击框架集的外边框线，如图 6-4 所示，可选择由多个框架构成的框架集。单击某个框架内部，如图 6-5 所示，则可选中该框架。当框架或框架集被选中时，在"框架"面板的相应位置中会呈现黑色的框线。

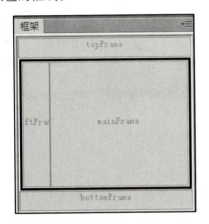
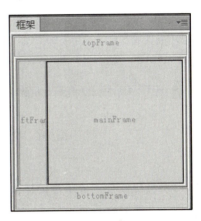

图 6-4　选定框架集　　　　　　　　图 6-5　选定框架

（2）利用键盘选择

按住〈Alt〉键在文档窗口中单击要选中的框架的任意位置，可选中该框架。选中一个框架，按住〈Alt〉键，然后按键盘上的〈←〉或〈→〉键，可以选中同一级别的嵌套框架集；按键盘上的〈↑〉键，可以选中当前框架集的上一级嵌套框架集。连续重复操作，可以选中整个框架集。

2. 保存框架和框架集

当编辑完框架和框架文件后，必须对框架及框架文档进行保存。保存框架需要分别保存每个框架文档，还要保存框架集文档；也可以将整个框架集与它的各个框架文档一起保存。具体操作可分为以下 3 种情况。

（1）保存框架文档

在"文档"窗口中，将光标置于文档窗口要保存的框架中，选择菜单"文件"→"保存框架页"命令，可保存该框架文档。若该框架文档尚未保存过，会打开"另存为"对话框，输入正确的文件名和路径，单击"保存"按钮。若已保存过，则会在原有的基础上保存该框架文档。

（2）保存框架集文档

在文档窗口中单击框架最外层边框，或单击"框架"面板中最外围相等边框，选中框架集，然后选择菜单"文件"→"框架集另存为"命令，可保存框架集文档。

（3）保存框架集中的所有文档

如果当前网页是由多个框架组成的，分别保存每个框架很麻烦，可以采用一次保存框架集中所有文档的方法。

选择菜单"文件"→"保存全部"命令，此时系统先保存框架集文件，再保存框架集中的其他框架文件。

3. 在框架中创建链接

利用框架结构可以把导航条内容固定在页面的某一位置，如顶部或右边。在任何时候都可以直接选择顶部或右边的导航内容，切换到自己想浏览的网页。若要在一个框架中显示另一个网页的内容，不仅要指定链接文件，还要指定链接目标位置，"属性"面板如图6-6所示。

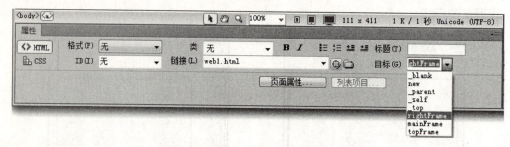

图6-6 设置框架的链接网页文档

提示：

在框架内使用超链接，必须为链接设置一个目标，指定链接内容在哪个框架内显示。如果导航链接位于左侧的框架中，需要将链接内容显示在右侧框架中时，必须在"属性"面板的"目标"下拉列表框中选择右侧框架。

设置超链接时，"目标"下拉列表框中的各选项含义如下。

➤ _blank：保留当前窗口，在新的窗口中打开链接文档。

➤ _parent：在链接的父框架内显示链接文档。

➤ _self：在当前框架打开链接文档，替换当前框架中的内容。

➤ _top：在当前文档的最外层的框架集内打开链接文档，替换所有框架。

➤ mainFrame：在主框架中打开文档。

➤ topFrame：在顶部框架中打开文档。

➤ leftFrame：在左侧框架中打开文档。

6.1.4 框架和框架集属性

在页面中创建框架后，还需要对框架的属性进行相关设置，如框架的名称和边框等。这些基本设置对框架的外观和使用都有重要意义。

1. 设置框架属性

对框架进行设置时，首先要选取框架。选中框架后，文档窗口下方将出现框架的"属性"面板，如图6-7所示。

图 6-7 框架"属性"面板

在框架"属性"面板中,各属性选项含义如下。
- 源文件:设置在框架打开的源文件 URL 地址。
- 滚动:设置是否允许有滚动条。
- 边框:设置框架边框在浏览器窗口中显示的情况。
- 不能调整大小:禁止改变框架的尺寸。
- 边框颜色:设置框架边框的颜色。
- 边界宽度:设置当前框架的内容与框架左右边界的距离,以像素为单位。
- 边界高度:设置当前框架的内容与框架上下边界的距离,以像素为单位。

提示:
框架名称是指用于超链接和脚本索引的当前框架的名称。框架名称必须是一个单独的词,可以包含下画线"_",不能包含连接符"-"". "和空格。框架名称的开头必须是字母,不能是数字。

2. 设置框架集属性

对框架集进行设置时,首先要选取框架集。当选中框架集后,文档窗口下方将出现框架集的"属性"面板,如图 6-8 所示。

图 6-8 框架集"属性"面板

在框架集"属性"面板中,各属性选项含义如下。
- 边框:设置是否有边框。
- 边框宽度:设置整个框架集的边框宽度,以像素为单位。
- 边框颜色:设置整个框架集的边框颜色。
- "行"或"列":"属性"面板中显示的是行还是列,由框架集的结构而定。
- 单位:行、列尺寸的单位。

6.2 模板和库

在 Dreamweaver 中,模板是一种特殊的文档,可以按照模板创建新的网页,从而得到与模板相似但又有所不同的新网页。当修改模板时,使用该模板创建的所有网页可以一次自动更新,从而大大提高网站更新和维护的效率。

6.2.1 模板

1. 创建模板

创建网页模板时必须明确模板是建在哪个站点中的,因此,正确建立站点尤为重要。模板文件创建后,Dreamweaver 自动在站点根目录下创建名为 Templates 的文件夹,所有模板文件都保存在该文件夹中,扩展名为.dwt。

新建空白模板可采用以下两种方法。

(1) 利用菜单命令创建空白模板

选择菜单"文件"→"新建"命令,打开"新建文档"对话框,如图 6-9 所示,选择"空模板",在"模板类型"列表框中选择"HTML 模板",单击"创建"按钮,在文档窗口中创建空白模板页。此时的模板文件还未命名,在编辑完成后,可选择菜单"文件"→"保存"命令,对模板文件进行存储。

(2) 利用"资源"面板创建空白模板

选择菜单"窗口"→"资源"命令或按〈F11〉键,打开"资源"面板,单击"资源"面板左侧的"模板"按钮,再单击"资源"面板右下角的"新建模板"按钮,如图 6-10 所示,在"资源"面板中输入新模板的名称即可。

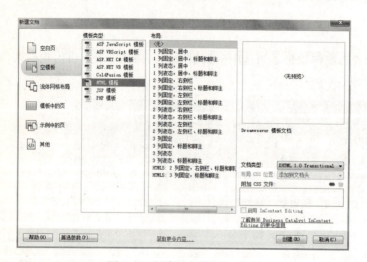

图 6-9 新建空白模板方法一　　　　　　　　图 6-10 新建空白模板方法二

2. 根据现有网页文档创建模板

在 Dreamweaver 中还可以将已有的网页文档另存为模板网页。

操作点拨:

打开已有的网页文件,选择菜单"文件"→"另存模板"命令,打开"另存模板"对话框,在"站点"右侧的下拉列表框中选择该模板在哪个站点中使用,在"另存为"文本框中输入新建模板的名称,单击"保存"按钮。此时,新建的模板文件会保存在网站根文件夹下的 Templates 文件夹中。

提示：

不要移动位于 Templates 目录下的模板文件，也不要在该文件夹中放置普通的非模板文件，更不能将模板文件移动到本地站点之外，否则可能导致错误。

3. 设置模板

模板实际上是具有固定格式和内容的文件。模板的功能很强大，通过定义和锁定可编辑区域可以保护模板的格式和内容不会被修改，只有在可编辑区域中才能输入新的内容。模板最大的作用就是可以创建风格统一的网页文件，在模板内容发生变化后，可以同时更新站点中所有使用该模板的网页文件，不需要逐一修改。

（1）定义可编辑区域

使用统一模板创建的网页具有相同的风格，包含共同的内容，但各个网页之间也有不同的内容。所以创建新模板时，应该在模板中设置哪些区域可以编辑，哪些区域不可编辑，这样在创建基于该模板的文件时，只需编辑相应模板中的可编辑区域即可。

定义可编辑区域的具体操作步骤如下。

1）选择区域。在打开的网页模板文件中，将光标置于要插入可编辑区域的位置或选中要设置为"可编辑区域"的文本或内容。

2）打开"新建可编辑区域"对话框。选择菜单"插入"→"模板对象"→"可编辑区域"命令或按〈Ctrl+Alt+V〉组合键，打开"新建可编辑区域"对话框。

3）创建可编辑区域。在"新建可编辑区域"对话框的"名称"文本框中输入可编辑区域的名称，单击"确定"按钮，如图 6-11 所示。

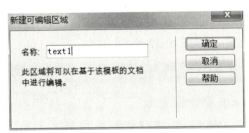

图 6-11 新建可编辑区域

提示：

如果通过单击<td>标签选中单个单元格，再插入可编辑区域，则单元格的属性和其中的内容均可编辑；如果将光标定位到单元格中，再插入可编辑区域，则只能编辑单元格中的内容。层也有类似的情况。

（2）定义可选区域

可选区域是设计者在模板中定义为可选的部分，用于保存有可能在基于模板的文档中出现的内容。定义新的可选区域的具体操作步骤与定义可编辑区类似，如图 6-12 所示。

提示：

可选区域并不是可编辑区域，它仍然是被锁定的。也可以将可选区域设置为可编辑区域，两者并不冲突。

（3）定义重复区域

重复区域指的是在文档中可能会重复出现的区域。但重复区域不同于可编辑区域，在基

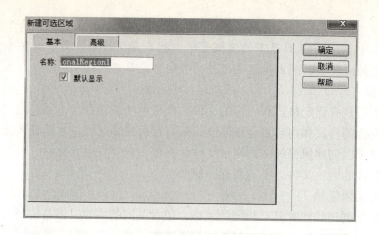

图 6-12 新建可选区域

于模板创建的网页中，重复区域不可编辑，但可以多次被复制。因此，重复区域通常被设置为网页中需要多次重复插入的部分，多被用于表格。若希望编辑重复区域，可在重复区域中嵌套一个可编辑区域，具体操作步骤如下。

1）选择区域。在打开的网页模板文件中，将光标置于要插入重复区域的位置或选中要设置为"可编辑重复区域"的文本或内容。

2）打开"新建重复区域"对话框。选择菜单"插入"→"模板对象"→"重复区域"命令，打开"新建重复区域"对话框。

3）创建可编辑重复区域。在"新建重复区域"对话框的"名称"文本框中输入重复区域的名称，单击"确定"按钮，如图 6-13 所示。

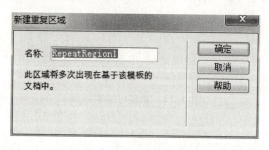

图 6-13 新建重复区域

提示：

在同一模板文件中插入多个重复区域时，名称不能相同；另外，重复区域可以嵌套重复区域，也可以嵌套可编辑区域。

3. 管理模板

在 Dreamweaver 中，还可以对模板文件进行各种管理操作，如重命名、修改、删除等。

（1）修改模板文件

在"资源"面板的"模板列表"中双击要修改的模板文件将其打开，修改完成并保存模板文件后，自动打开"更新模板文件"对话框，如图 6-14 所示。若要更新本站点中基于此模板创建的网页，单击"更新"按钮即可。

图 6-14 "更新模板文件"对话框

(2) 重命名和删除模板文件

在"资源"面板的"模板列表"中,选择要重命名或删除的模板文件,单击鼠标右键,在弹出的快捷菜单中选择"重命名"或"删除"命令。删除模板文件后,基于此模板的网页还继续保留模板结构和可编辑区域,但此时非可编辑区域无法再修改,因此尽量避免删除模板文件操作。

(3) 更新站点

当给网页应用模板后,可通过修改一个模板实现修改所有应用此模板文件的网页。更新与该模板有关的所有网页的操作如下。

在"资源"面板的"模板列表"中选择修改过的模板文件,单击鼠标右键,在弹出的快捷菜单中选择"更新站点"命令,打开"更新页面"对话框,如图 6-15 所示,单击"开始"按钮。

图 6-15 "更新页面"对话框

6.2.2 库

Dreamweaver 可以把网站中经常反复使用到的网页元素存入一个文件夹 Library 中,该文件夹称为"库"。换言之,库是一种用来存储在整个网页上经常被重复使用或更新的网页元素的方法。每一个存入库中的网页元素都以单个文件的形式存在,这些文件的扩展名均为.lbi,称为"库项目"。

使用库的意义是,可以通过改动库来更新所有采用库的网页,不用一个一个地修改网页元素或者重新制作网页。

库和模板一样,可以规范网页格式、避免多次重复操作。它们的区别在于,模板在整体上控制了文档的风格,而库项目则是从局部维护了文档的风格。

1. 创建库项目

同网页模板一样,库项目也是基于站点创建的,故在创建之前需正确建立站点。库项目创建后，Dreamweaver 会自动在站点根目录下创建名为 Library 的文件夹，所有库项目文件都保存在该文件夹中，扩展名为 .lbi。创建库项目有两种方式。

（1）新建空白库项目

单击"资源"面板左侧的"库"按钮，再单击"资源"面板右下角的"新建库项目"按钮，在"资源"面板中输入新库项目的名称"tu1"，如图 6-16 所示。双击打开该库项目，在文档窗口中对新建库项目进行编辑，如插入图片，然后保存库文件，如图 6-17 所示。

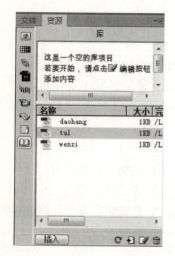

图 6-16　新建空白库项目　　　　图 6-17　编辑库项目

（2）根据已有网页元素创建库项目

打开已有的网页文档，单击"资源"面板左侧的"库"按钮，选中要添加到库的网页元素，按住鼠标左键，将选中的网页元素拖动到"资源"面板中，形成库项目并命名为 text1，如图 6-18 所示。

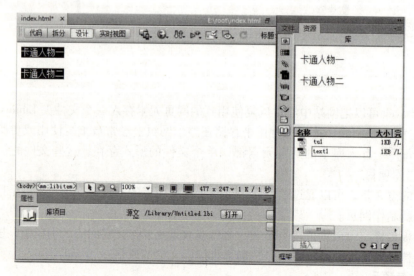

图 6-18　根据已有网页元素创建库项目

2. 应用库项目

在网页中应用库项目，实际就是把库项目插入至相应的页面中。向页面添加库项目的具体操作如下。

新建空白网页或打开已有的网页文档，将光标定位到要插入库项目的网页文档相应位置，分别选中要插入的库项目 text1 和 tu1，单击"资源"面板左下角的"插入"按钮，实现插入，效果如图 6-19 所示。

图 6-19 应用库项目后的效果

3. 修改库项目

修改库项目文件时，引用该库项目的网页文件会同时发生变化，从而实现网页的局部统一更新。修改库项目的具体操作如下。

在"资源"面板的"库项目列表"中双击要修改的库项目，将其打开，此时可像编辑网页一样对其进行修改，编辑完成并保存库文件后，自动打开"更新库项目"对话框，如图 6-20 所示。若要更新本站点中基于该库项目创建的网页，单击"更新"按钮即可。

图 6-20 "更新库项目"对话框

除此之外，库项目的重命名、删除及站点更新等修改操作与模板文件相同，此处不再赘述。

6.3 课堂案例——设计"学院网站"

6.3.1 案例目标

本案例主要是运用框架技术制作学校网站的主页,在"框架"面板中选择框架,并利用框架"属性"面板进行属性设置,为框架页面设置正确的链接目标。网页框架布局如图 6-21 所示,效果如图 6-22 所示。

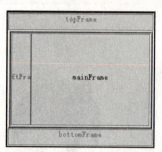

图 6-21 框架布局效果图

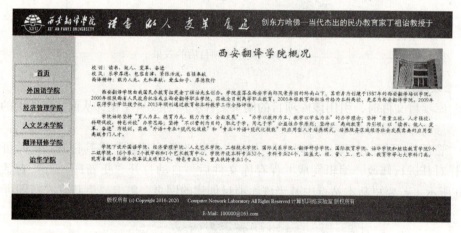

图 6-22 网页制作最终效果图

素材所在位置:…\实例素材\No6\学院简介。
效果所在位置:…\实例效果\No6\学院简介。

6.3.2 操作思路

根据练习目标,结合本章知识,具体操作思路如下。

1)选择菜单"文件"→"新建"命令,创建空白 HTML 网页文档。

2)选择菜单"插入"→"HTML"→"框架"命令,在"框架"子菜单中选择"上方和下方"类型,得到图 6-23 所示的框架结构。

3)将光标定位在 mainFrame 框架区域,选择菜单"修改"→"框架集"命令,选择"拆分右框架",得到图 6-24 所示的框架结构。

图 6-23 创建"上方和下方"类型框架　　　　图 6-24 拆分 mainFrame 框架区域

4)选中框架集,选择菜单"文件"→"框架集另存为"命令,打开"另存为"对话框,如图 6-25 所示,在"文件名"文本框中输入"index.html",单击"保存"按钮,保存框架集。

图 6-25 保存框架集

5)选中左侧框架,在"属性"面板中设置框架名称为 leftFrame,如图 6-26 所示。

图 6-26 设置左侧框架名称

6）设置 topFrame 和 bottomFrame 框架的高度均为 80 px，设置 leftFrame 框架宽度为 200 px，如图 6-27、图 6-28、图 6-29 所示。

图 6-27　设置上方框架的高度

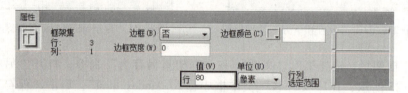

图 6-28　设置下方框架的高度

图 6-29　设置左侧框架的宽度

7）选中框架 topFrame，在框架"属性"面板中单击"源文件"后面的"浏览文件"图标，如图 6-30 所示，在"选择 HTML 文件"对话框中选择 top.html，单击"确定"按钮，完成后的效果如图 6-31 所示。

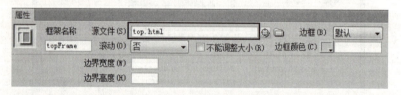

图 6-30　设置上方框架的链接文档

图 6-31　上方框架的效果图

8）采用同样的方式，实现其他框架 leftFrame、mianFrame 及 bottomFrame 的源文件设置，分别链接的源文件为 left.html、main.html 和 bottom.html。

9）选中框架 leftFrame 网页中的"外国语学院"文字，在"属性"面板中单击"源文件"后面的"浏览文件"图标，选择链接目标文件 wy.html，并设置链接目标为 mainFrame，如图 6-32 所示。

图 6-32 设置"外国语学院"文字的链接文档

10)选择菜单"文件"→"保存全部"命令,保存所有网页文档,预览效果。

6.4 本章小结

本章主要介绍了布局网页的框架技术的应用,以及模板和库的应用。框架技术可以根据实际网页内容的特点,决定固定不变的那些网页元素作为网页的导航来设计,而经常更新的内容放置在主框架区域。使用模板和库建立网页,不仅可以使站点保持统一的风格,或使站点中的多个文档包含相同的内容,避免分别对其进行编辑,而且可以使创建网页与维护网站更方便、快捷。

6.5 课后练习

素材所在位置:……\实例素材\No6\旅游网页。
效果所在位置:……\实例效果\No6\旅游网页。
根据提供的素材,制作"旅游网页",框架布局结构如图 6-33 所示。

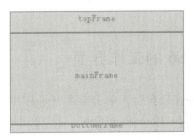

图 6-33 框架布局结构图

第 7 章 使用 Photoshop CS6 制作网页素材

学习要点：

- ➢ 认识 Photoshop CS6 的工作界面
- ➢ 掌握 Photoshop 的基本操作
- ➢ 掌握相关工具的使用

学习目标：

- ➢ 能使用工具编辑图像
- ➢ 能设计网站使用的图片

导读：

Photoshop 是著名的图像处理软件之一，使用该软件就像利用画笔和颜料在纸上绘画一样，不但可以直接绘制出漂亮的作品，还可以对数码相机或扫描仪获取的图像进行编辑和再创作，然后打印输出。该软件功能强大，操作灵活，在广告设计和其他艺术创作中得到了广泛的应用，并且可以创造出很多只有用计算机才能表现出的设计内容，为设计者提供了更多的表现手法和制作技巧。

7.1 熟悉 Photoshop CS6 的工作界面

在计算机中安装了 Photoshop CS6 后，单击桌面任务栏中的"开始"按钮，在弹出的菜单中选择"所有程序"→"Adobe Photoshop CS6"命令，即可启动该软件。

7.1.1 工作界面的组成

启动 Photoshop CS6 之后，在工作区打开一幅图像，其默认的界面窗口布局如图 7-1 所示。Photoshop CS6 的界面按其功能可分为菜单栏、工具箱、工具属性栏、文档窗口、状态栏及面板等组件。

- ➢ 菜单栏：可以调整 Photoshop 窗口大小，可将窗口最大化、最小化或关闭。菜单栏包含可以执行的各种命令，单击菜单名称即可打开相应的菜单。
- ➢ 工具属性栏：可用来设置工具的各种选项，它会随着所选工具的不同而变换内容。
- ➢ 工具箱：包含用于执行各种操作的工具，如创建选区、移动图像、绘画、绘图等。
- ➢ 文档窗口：显示和编辑图像的区域。
- ➢ 状态栏：可以显示文档大小、文档尺寸、当前工具和窗口缩放比例等信息。
- ➢ 面板：可以帮助人们编辑图像。有的用来设置编辑内容，有的用来设置颜色属性。

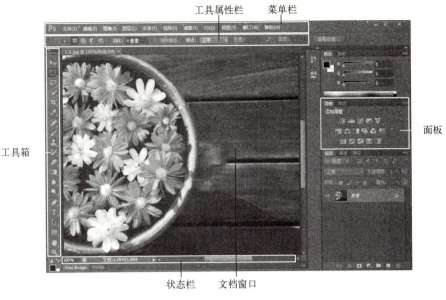

图 7-1 Photoshop CS6 工作界面

7.1.2 文件的基础操作

Photoshop 文件的基础操作包括新建、打开、保存和关闭等。

1. 新建文件

启动 Photoshop CS6 程序后，在默认状态下没有可操作的文件，可以根据需要创建空白文件。执行"文件"→"新建"命令，打开"新建"对话框，如图 7-2 所示。在该对话框中输入文件名称，设置文件尺寸、分辨率、颜色模式和背景内容等选项，即可创建一个空白文件。

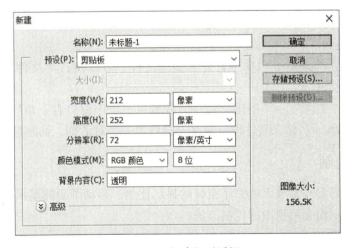

图 7-2 "新建"对话框

2. 打开文件

在 Photoshop CS6 中，打开图像文件的方法有多种，用户应根据实际情况选择不同的打开方式。

方法1："打开"命令。

执行"文件"→"打开"命令或按〈Ctrl+O〉组合键，将弹出"打开"对话框。在对话框的"查找范围"下拉列表中选择打开文件的位置，然后选择需要打开的图像文件，单击"打开"按钮即可。

方法2：通过拖动打开文件。

在图片所在的文件夹窗口中选中要打开的图片，按住鼠标左键将其拖动到桌面状态栏中的 Photoshop CS6 "最小化"按钮上，这时就会自动切换到 Photoshop CS6 窗口中，释放鼠标即可打开该图片。

方法3：最近打开文件。

Photoshop CS6 记录了最近打开过的 10 个文件，执行"文件"→"最近打开文件"命令，在弹出的子菜单中可以选择要打开的图像文件。

3. 保存文件

图像编辑完成后，要退出 Photoshop CS6 的工作界面时，就需要对完成的图像进行保存。保存的方法有多种，可根据不同的需要进行选择。

方法1：通过"存储"命令保存文件。

当打开一个图像文件并进行编辑之后，执行"文件"→"存储"命令，或按〈Ctrl+S〉组合键保存所做的修改，图像会按照原有的格式存储。如果是一个新建的文件，则执行该命令后会打开"存储为"对话框。

方法2：通过"存储为"命令保存文件。

如果要将文件保存为其他名称、其他格式或者是存储在其他位置，可以执行"文件"→"存储为"命令，在打开的"存储为"对话框中将文件另存。

4. 关闭文件

图像编辑完成后，可以采用以下方法关闭文件。

方法1：执行"文件"→"关闭"命令，或者单击文档窗口右上角的 ❌ 按钮，可以关闭当前的图像文件。

方法2：如果在 Photoshop CS6 中打开了多个文件，可以执行"文件"→"关闭全部"命令，关闭所有的文件。

方法3：执行"文件"→"退出"命令，或者单击程序窗口右上角的 ❌ 按钮，关闭文件并退出 Photoshop CS6。如果文件没有保存，会弹出一个对话框，询问是否保存文件。

7.1.3 视图的控制

编辑图像时，需要经常放大或缩小窗口的显示比例、移动画面的显示区域，以便更好地观察和处理图像。下面介绍视图的控制方法。

1. 图像的放大和缩小

"缩放工具"按钮 🔍 可以将图像成比例地放大或缩小，以便细致地观察或处理图像的局部细节。"缩放工具"的属性栏如图 7-3 所示。

➤ "放大"按钮 🔍：激活此按钮，在图像窗口中单击，可以将图像窗口中的画面放大

图 7-3 "缩放工具"属性栏

显示。
- "缩小"按钮：激活此按钮，在图像窗口中单击，可以将图像窗口中的画面缩小显示。
- "调整窗口大小以满屏显示"选项：选中此复选框，放大或缩小显示图像时，系统将自动调整图像窗口的大小，从而使图像窗口与缩放后的图像显示相匹配；若不选中此复选框，缩放图像时将只改变图像在现有大小的窗口内的显示，而不改变图像窗口的大小。
- "缩放所有窗口"选项：当工作区中打开多个图像窗口时，选中此复选框或按住〈Shift〉键，缩放操作可以影响到工作区中的所有图像窗口，即同时放大或缩小所有图像文件。
- "细微缩放"选项：选中此复选框后，在画面中单击并向左侧或右侧拖动鼠标，能够以平滑的方式快速放大或缩小窗口；取消选中时，在画面中单击并拖动鼠标，可以拖出一个矩形选框，放开鼠标后，矩形选框内的图像会放大至整个窗口。按住〈Alt〉键操作，可以缩小矩形选框内的图像。
- "实际像素"按钮：单击该按钮，图像以实际像素即100%的比例显示，也可以双击缩放工具进行同样的调整。
- "适合屏幕"按钮：单击该按钮，可以在窗口中最大化显示完整的图像。
- "填充屏幕"按钮：单击该按钮，可以在整个屏幕范围内最大化显示完整的图像。
- "打印尺寸"按钮：单击该按钮，可以按照实际的打印尺寸显示图像。

2. 视图的移动

当图像放大显示后，如果图像无法在图像窗口中完全显示，可以利用"抓手工具"在画面中按下鼠标左键拖曳，从而在不影响图层相对位置的前提下平移图像在窗口中的显示位置，以观察图像窗口中无法显示的图像。

7.1.4 辅助工具

辅助工具不能用来编辑图像，但可以帮助用户更好地完成选择、定位或编辑图像的操作。

1. 标尺

"标尺"可以精确地确定图像或元素的位置。如果显示标尺，则标尺会出现在当前文件窗口的顶部和左侧。执行"视图"→"标尺"命令，或者按下〈Ctrl+R〉组合键可以显示或隐藏标尺。

2. 参考线

为了精确定位或进行对齐操作，可绘制一些参考线。这些参考线浮动在图像上方，且不会被打印出来。创建参考线首先要显示标尺，即执行"视图"→"标尺"命令，然后将光标放置于垂直标尺上，单击并向右拖动即可拖出垂直参考线。若是将光标放置于水平标尺上，单击并向下拖动，即可拖出水平参考线，参考线如图 7-4 所示。

图 7-4　参考线

3. 网格

网格是一种常用的辅助工具，用于对齐各种规则性较强的图案。在默认情况下，网格不会被打印出来。执行"视图"→"显示"→"网格"命令，即可显示或隐藏网格。

7.1.5　图像与画布大小设置

在 Photoshop CS6 中，可以根据不同的用途对图像的尺寸和画布大小进行调整，或者对画布进行旋转和镜像等调整。

1. 设置图像大小

在通常情况下，图像尺寸越大，图像文件所占的空间也就越大，通过设置图像尺寸可以减小文件占用空间。执行"图像"→"图像大小"命令，可以弹出"图像大小"对话框，如图 7-5 所示。其上各参数功能如下。

➢ "自动"按钮：单击该按钮可以打开"自动分辨率"对话框，输入挂网的线数，Photoshop 可以根据输出设备的网频来确定建议使用的图像分辨率。

➢ "缩放样式"复选框：如果文档中的图层添加了图层样式，选中该复选框以后，可在调整图像大小时自动缩放样式效果。只有选中"约束比例"复选框，才能使用该选项。

➢ "约束比例"复选框：修改图像的宽度和高度时，可保持宽度和高度的比例不变。

➢ "重定图像像素"复选框：修改图像的像素大小。当减少像素数量时，就会从图像中删除一些信息；当增加像素的数量或增加像素取样时，则会添加新的像素。在"图像大小"对话框最下方的下拉列表中可以选择一种插值方法来确定添加或删除像素的方式，如"两次立方（自动）""邻近""两次线性"等。

2. 设置画布大小

画布是指容纳文件内容的窗口，是由最初创建或打开的文件像素决定的。执行"图像"

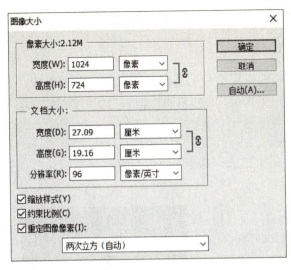

图 7-5 "图像大小"对话框

→"画布大小"命令,在打开的"画布大小"对话框中可修改画布尺寸,如图 7-6 所示。其上各参数功能如下。

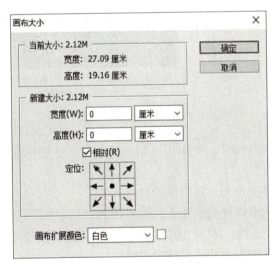

图 7-6 "画布大小"对话框

> "当前大小":显示了图像宽度和高度的实际尺寸和文档的实际大小。
> "新建大小":可以在"宽度"和"高度"文本框中输入画布的尺寸。当输入的数值大于原来尺寸时会增加画布,反之则会减小画布,减小画布会裁剪图像。输入尺寸后,该选项右侧会显示修改画布后的文档大小。
> "相对"复选框:选中该复选框,"宽度"和"高度"选项中的数值将代表实际增加或者减少的区域大小,而不代表整个文档的大小。此时,输入正值表示增加画布,输入负值表示减小画布。
> "定位":单击不同的方格,可以指示当前图像在新画布上的位置。
> "画布扩展颜色":在该下拉列表中可以选择填充新画布的颜色。如果图像的背景是

透明的，则"画布扩展颜色"选项将不可用，添加的画布也是透明的。

7.1.6 历史记录应用

在编辑图像时，所有的操作都会记录在"历史记录"面板中。通过该面板可以将图像恢复到操作过程中的某一步状态，也可以再次回到当前的操作状态，或者将处理结果创建为快照或是新文件。

1．"历史记录"面板

执行"窗口"→"历史记录"命令，可以打开"历史记录"面板，如图7-7所示。其上各参数功能如下。

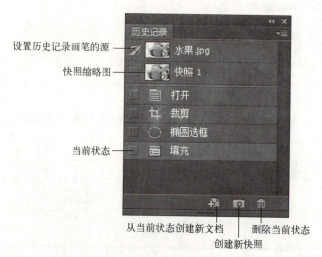

图7-7 "历史记录"面板

- "设置历史记录画笔的源"：使用历史记录画笔时，该图标所在的位置将作为历史画笔的源图像。
- "快照缩略图"：被记录为快照的图像状态。
- "当前状态"：将图像恢复到该命令的编辑状态。
- 从当前状态创建新文档：基于当前操作步骤中图像的状态创建一个新文件。
- "创建新快照"：基于当前的状态创建快照。
- "删除当前状态"：选择一个操作步骤后，单击该按钮可将该步骤及后面的操作删除。

2．使用"历史记录"面板还原图像

使用"历史记录"面板还原图像的方法很简单，对图像进行操作的每一个步骤都会记录在"历史记录"面板中，要想回到某一个步骤，单击该步骤即可。不过，"历史记录"面板中默认只能保存20步操作，可以在"首选项"对话框中设置其保存数量。

3．使用快照还原图像

当用Photoshop绘制或处理完重要的效果以后，可以单击"历史记录"面板中的"创建新快照"按钮，将画面的当前状态保存为一个快照。以后无论绘制了多少步，即使面板中新的步骤已经将其覆盖了，也可以通过单击快照将图像恢复为快照所记录的效果。

7.2 创建选区的基本方法

在 Photoshop 中处理图像时，经常需要针对局部效果进行调整，通过选择特定区域，可以对该区域进行编辑，这个特定的区域就是"选区"。Photoshop CS6 包含多种选区工具，应用时只有根据具体的操作正确地使用这些选区工具创建选区，才能快速得到需要编辑的图像对象。

7.2.1 选区工具

工具箱中提供了多个用于创建选区的选区工具，下面对创建选区的工具和命令分别进行介绍。

1. 矩形选框工具

"矩形选框工具"按钮■主要用于创建矩形选区与正方形选区，按住〈Shift〉键可以创建正方形选区，如图 7-8 所示。

图 7-8 使用"矩形选框工具"创建的选区

选择"矩形选框工具"后，属性栏会显示相应的设置参数，如图 7-9 所示。其他选区工具的属性栏具有相似功能。

图 7-9 "矩形选框工具"属性栏

> "选区运算"按钮：单击"新选区"按钮■，可以创建一个新的选区；单击"添加到选区"按钮■，可以在原有选区的基础上添加新创建的选区；单击"从选区减去"按钮■，可以在原有选区的基础上减去当前绘制的选区；单击"与选区交叉"按钮■，可以在原有选区的基础上得到与新建选区相交的区域。

> "羽化":用来设置选区的羽化范围。
> "样式":用来设置矩形选区的创建方法。当选择"正常"选项时,可以创建任意大小的矩形选区。当选择"固定比例"选项时,可以在右侧的"宽度"和"高度"文本框中输入数值,以创建固定比例的选区。当选择"固定大小"选项时,在右侧的"宽度"和"高度"文本框中输入数值,即可创建固定大小的选区。
> "调整边缘":与执行"选择"→"调整边缘"命令后的效果相同。单击该按钮可以打开"调整边缘"对话框,在该对话框中可以对选区进行平滑、羽化等处理。

2. 椭圆选框工具

"椭圆选框工具"按钮 ⊙ 主要用来创作椭圆选区和正圆选区,按住〈Shift〉键可以创建正圆选区,如图 7-10 所示。

图 7-10 使用"椭圆选框工具"创建的选区

"椭圆选框工具"的属性栏如图 7-11 所示。

图 7-11 "椭圆选框工具"属性栏

"消除锯齿":通过柔化边缘像素与背景像素之间的颜色过渡效果来使选区边缘变得平滑。由于"消除锯齿"只影响边缘像素,因此不会丢失细节,在剪切、复制和粘贴选区图像时非常有用。

3. "单行选框工具"和"单列选框工具"

"单行选框工具"按钮 和"单列选框工具"按钮 主要用来创建高度或宽度为 1 像素的选区,常用来制作网格效果,如图 7-12 所示。

4. 套索工具

使用"套索工具"按钮 可以非常自由地绘制出形状不规则的选区。选择"套索工具"以后,在图像上拖曳鼠标指针可绘制选区边界,如图 7-13 所示。当释放鼠标左键时,选区将自动闭合。

图 7-12 使用"单行选框工具"和"单列选框工具"创建的选区

图 7-13 使用"套索工具"创建的选区

5. 多边形套索工具

"多边形套索工具"按钮 用于选择不规则的多边形选区,通过鼠标的连续单击来创建选区边缘,如图 7-14 所示。"多边形套索工具"适用于选取一些复杂的、棱角分明的图像。

6. 磁性套索工具

使用"磁性套索工具"按钮 能够以颜色上的差异来自动识别对象的边界,特别适合于快速选择与背景对比强烈且边缘复杂的对象。使用"磁性套索工具"时,套索边界会自动对齐图像的边缘,如图 7-15 所示。

操作点拨:

当选中完比较复杂的边界时,可以按住〈Alt〉键切换到"多边形套索工具",以选中转角比较强烈的边缘。

图7-14 使用"多边形套索工具"创建的选区

图7-15 使用"磁性套索工具"创建的选区

"磁性套索工具"的属性栏如图7-16所示。其上参数功能如下。

图7-16 "磁性套索工具"属性栏

> "宽度":宽度值决定了以光标中心为基准,周围有多少像素能够被"磁性套索工具"检测到。如果对象的边缘比较清晰,可以设置较大的值;如果对象的边缘比较模糊,可以设置较小的值。

> "对比度":该选项主要用来设置"磁性套索工具"感应图像边缘的灵敏度。如果对象的边缘比较清晰,可以将该值设置得高一些;如果对象的边缘比较模糊,可以将该值设置得低一些。

> "频率":在使用"磁性套索工具"勾画选区时,Photoshop 会生成很多锚点,"频率"选项就是用来设置锚点的数量的。数值越高,生成的锚点就越多,捕捉到的边缘就越准确,但是可能会造成选区不够平滑。

- "钢笔压力"按钮：如果计算机配有数位板和压感笔，可以激活该按钮，Photoshop 会根据压感笔的压力自动调节"磁性套索工具"的检测范围。

7. 快速选择工具

"快速选择工具"按钮 可用于快速地选取图像中的区域，只需要在需要选取的图像上涂抹，系统就会根据鼠标指针所到之处的颜色自动创建选区，如图 7-17 所示。

图 7-17 使用"快速选择工具"创建的选区

8. 魔棒工具

"魔棒工具" 用于在颜色相近的图像区域中创建选区，只需单击鼠标即可对颜色相同或相近的图像进行选择。选择"魔棒工具"后，其属性栏如图 7-18 所示。其上参数功能如下。

图 7-18 "魔棒工具"属性栏

- "取样大小"：可根据光标所在位置像素的精确颜色进行选择；选择"3×3 平均"选项，可参考光标所在位置 3 个像素区域内的平均颜色；选择"5×5 平均"选项，可参考光标所在位置 5 个像素区域内的平均颜色；其他选项以此类推。
- "容差"：控制创建选区范围的大小。输入的数值越小，要求的颜色越相近，选区范围就越小；相反，则颜色相差越大，选区范围就越大。
- "消除锯齿"：模糊羽化边缘像素，使其与背景像素产生颜色的逐渐过渡，从而去掉边缘明显的锯齿状。
- "连续"：选中该复选框时，只选取与鼠标单击处相连接区域中相近的颜色；如果不选中该复选框，则选取整个图像中相近的颜色。
- "对所有图层取样"：用于有多个图层的文件，选中该复选框时，选取文件中所有图层中相同或相近颜色的区域；不选中时只选取当前图层中相同或相近颜色的区域。

7.2.2 选区的基本操作

在创建好选区后，可以对选区执行一些基本操作，如反向选择选区、取消当前的选区、重新选择和移动选区，以及显示或隐藏创建的选区，熟练掌握好这些操作可以提高工作效率。

1. 全选图像

全选图像常用于复制整个文档中的图像。执行"选择"→"全部"命令或按〈Ctrl+A〉组合键，可以选择当前图像文件中的所有对象。

2. 反向选择

创建选区以后，执行"选择"→"反向选择"命令或按〈Shift+Ctrl+I〉组合键，可以反向选择选区，也就是选择图像中没有被选择的部分。

3. 取消选择

创建选区以后，所有的编辑操作只作用于选区内的图像，如果需要对选区外的图像进行编辑操作，就需要取消当前的选择区域。取消选择区域的操作方法有多种，下面分别介绍。

方法1：执行"选择"→"取消选择"命令，就可以取消选择。

方法2：选择工具箱中的选区工具，在文档窗口中的任意位置处单击鼠标右键，在弹出的快捷菜单中选择"取消选择"命令。

方法3：按〈Ctrl+D〉组合键。

4. 重新选择

使用工具箱中的选区工具或相应的菜单命令创建选区，并且执行了选区的取消操作后，若再次需要重新选择上次选取的区域，可执行"选择"→"重新选择"命令，或者是按〈Ctrl+Shift+D〉组合键。

5. 移动选区

创建选区后，可以根据需要移动选区。移动选区一共有3种方法，介绍如下。

方法1：使用"矩形工具""椭圆选框工具"创建选区时，在松开鼠标按键前，按住空格键拖动鼠标，即可移动选区。

方法2：创建了选区后，如果属性栏中的"新选区"按钮■为选中状态，则使用选框工具、套索工具和魔棒工具时，只要将鼠标指针放在选区内，单击并拖动鼠标便可移动选区。

方法3：可以按键盘上的〈↑〉、〈↓〉、〈←〉、〈→〉键来轻微移动选区。

6. 显示和隐藏选区

创建选区后，执行"视图"→"显示"→"选区边缘"命令，或者按〈Ctrl+H〉组合键可以隐藏选区，再次执行此命令，可以再次显示选区。选区虽然被隐藏，但是它仍然存在，并限定用户操作的有效范围。

7.2.3 编辑选区的方法

用户可以通过"选择"菜单中的多个命令对已有的选区范围进行变换调整，也可以设置相似颜色的选区以及对选区进行精确的修改，还可以对选区边缘进行柔化处理。

1. 扩展选区

如果需要将原选区向外扩展，可以使用"扩展"命令来完成。执行"选择"→"修改"→"扩展"命令，在"扩展选区"对话框中设置"扩展量"，即可扩大选区。

2. 收缩选区

"收缩"命令可以使选区缩小，执行"选择"→"修改"→"收缩"命令，在"收缩选区"对话框中设置"收缩量"，即可缩小选区。

3. 羽化选区

羽化选区是通过建立选区和选区周围像素之间的转换边界来模糊边缘，这种模糊方式将丢失选区边缘的一些细节。对选区执行"选择"→"修改"→"羽化"命令或按〈Shift+F〉组合键，在弹出的"羽化选区"的对话框中设置"羽化半径"，即可完成羽化操作，如图 7-19 所示。

图 7-19 羽化选区

4. 变换选区

执行"选择"→"变换选区"命令，可以在选区上显示定界框，拖动控制点即可单独对选区进行变换，选区内的图像不受影响，如图 7-20 所示。

图 7-20 变换选区

5. 选区的存储和载入

使用 Photoshop CS6 处理图像时，可以将创建的选区进行保存，以便于以后的操作使用到。当需要时，可载入之前存储的选区以进行操作。这在处理复杂图像时经常使用到。

（1）存储选区

首先使用选区工具或相应的菜单命令在图像窗口中创建选区；然后执行"选择"→"存储选区"命令，在弹出的"存储选区"对话框中设置各参数选项，如图 7-21 所示。

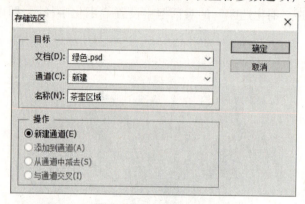

图 7-21　"存储选区"对话框

➢ "文档"：用于设置存储选区的文档。
➢ "通道"：用于设置存储选区的目标通道。
➢ "名称"：用于设置新建 Alpha 通道的名称。
➢ "操作"：用于设置存储的选区与原通道中选区的运算操作。

（2）载入选区

存储选区后，可以在图像窗口中随时载入存储的选区。执行"选择"→"载入选区"命令，将弹出"载入选区"对话框，如图 7-22 所示。其上各参数功能如下。

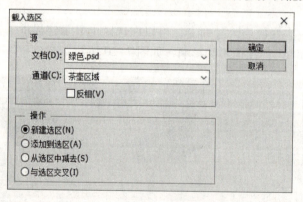

图 7-22　"载入选区"对话框

➢ "文档"：用于选择存储选区的文档。
➢ "通道"：用于选择存储选区的通道。
➢ "反相"：选中该复选框，可将通道中存储的选区反向选择。
➢ "操作"：用于选择载入的选区与图像中当前选区的运算方式。

7.3 路径和形状的绘制

路径是 Photoshop 重要的辅助工具，不仅可以用于绘制图形，更重要的是能够转换为选区，从而又增加了一种制作选区的方法。在 Photoshop 中，有两种绘制路径的工具，即钢笔工具和形状工具。使用钢笔工具可以绘制出任意形状的路径，使用形状工具可以绘制出具有规则外形的路径。

7.3.1 路径

路径是由贝塞尔曲线构成的图像，即由多个节点的线条构成的一段闭合或者开放的曲线线段。路径主要由线段、锚点、控制柄组成，如图 7-23 所示。

1. 钢笔工具

"钢笔工具"按钮 是矢量绘图工具，使用"钢笔工具"绘制出来的矢量图形即为路径。选择"钢笔工具"，在图像文件中依次单击，可以创建直线形态的路径；拖动鼠标可以创建平滑流畅的曲线路径。在绘制直线时，按住〈Shift〉键，可以限制在 45°的倍数方向绘制，如图 7-24 所示。

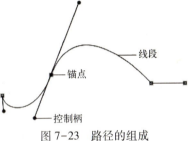

图 7-23 路径的组成

图 7-24 绘制直线路径和曲线路径

"钢笔工具"的属性栏如图 7-25 所示。其上各参数功能如下。

图 7-25 "钢笔工具"属性栏

- ：选择此选项，可以创建普通工作路径，此时，"图层"面板中不会生成新图层，仅在"路径"面板中生成工作路径。单击该按钮，可弹出"形状"和"像素"选项。选择 形状 选项，可以创建用前景色填充的图形，并位于一个单独的形状图层中。它由形状和填充区域两部分组成，是一个矢量的图形，同时出现在"路径"面板中。选择 像素 选项，可以绘制用前景色填充的图形，但不在"图层"面板中生成新图层，也不在"路径"面板中生成工作路径。
- "建立"选项：可以使路径与选区、蒙版和形状间的转换更加方便、快捷。绘制完路径后，右侧的按钮才变得可用。单击"选区"按钮，可将当前绘制的路径转换为选区；单击"蒙版"按钮，可创建图层蒙版；单击"形状"按钮，可将绘制的路径转换为形状图形，并以当前的前景色填充。

> "运算方式"按钮■：单击此按钮，在弹出的下拉列表中选择选项，可对路径进行相加、相减、相交或反交运算，该按钮的功能与选区运算相同。
> "路径对齐方式"按钮■：可以设置路径的对齐方式，当有两条以上路径被选择时才可用。
> "路径排列方式"按钮■：设置路径的排列方式。
> ■：单击此按钮，将弹出"橡皮带"选项，选中此复选框，在创建路径的过程中，当鼠标移动时，会显示路径轨迹的预览效果。
> "自动添加/删除"选项：在使用"钢笔工具"绘制图形或路径时，选中此复选框，"钢笔工具"将具有"添加锚点工具"和"删除锚点工具"的功能。
> "对齐边缘"选项：将矢量形状边缘与像素网格对齐，只有选择 形状 ▼ 选项时该选项才可用。

2. 自由钢笔工具

"自由钢笔工具"按钮■用于绘制比较随意的路径。选择"自由钢笔工具"，在图像上单击并拖动鼠标，即可沿鼠标的拖动轨迹绘制出一条路径，如图7-26所示。

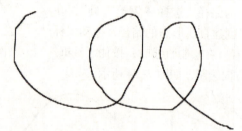

图7-26 使用"自由钢笔工具"绘制的路径

3. 添加锚点工具

"添加锚点工具"按钮■主要用于在绘制的路径上添加新的锚点，将一条线段分为两条，同时用于对这两条线段进行编辑。

4. 删除锚点工具

"删除锚点工具"按钮■主要用于删除路径上已经存在的锚点，将两条线段合并为一条。选择"删除锚点工具"，在要删除的锚点上单击鼠标即可。

5. 转换点工具

"转换点工具"按钮■主要用于转换锚点上控制柄的方向，以更改曲线线段的弯曲度和走向。

6. 路径选择工具

"路径选择工具"按钮■主要用于对路径和子路径进行选择、移动、对齐和复制等。当子路径上的锚点全部显示为黑色时，表示该子路径被选择。

7. 直接选择工具

"直接选择工具"按钮■主要用于选择和移动路径、锚点和控制柄等。

7.3.2 "路径"面板

"路径"面板主要用于存储和编辑路径。在默认情况下，"路径"面板与"图层"面板在同一面板组中。也可以通过执行"窗口"→"路径"命令打开"路径"面板，如图7-27所示。

在"路径"面板中单击相应的路径名称，可将该路径显示。单击"路径"面板中的灰色区域，可将路径隐藏。"路径"面板中各按钮的功能介绍如下。

图7-27 "路径"面板

- "用前景色填充路径"按钮 ：以前景色填充创建的路径。
- "用画笔描边路径"按钮 ：以前景色为创建的路径进行描边。
- "将路径作为选区载入"按钮 ：可以将创建的路径转换为选区。
- "从选区生成工作路径"按钮 ：确认图像文件中有选区后，单击此按钮，可以将选区转换为路径。
- "添加蒙版"按钮 ：在页面中有路径的情况下单击此按钮，可为当前层添加图层蒙版，如当前层为背景层，将直接转换为普通层。在页面中有选区的情况下单击此按钮，将以选区的形式添加图层蒙版，选区以外的图像会被隐藏。
- "创建新路径"按钮 ：可在"路径"面板中新建一个路径。
- "删除当前路径"按钮 ：可以删除当前选择的路径。

操作点拨：

在默认情况下，利用"钢笔工具"或形状工具绘制的路径以"工作路径"形式存在。工作路径是临时路径，如果取消其选择状态，当再次绘制路径时，新路径将自动取代原来的工作路径。如果工作路径在后面的绘图过程中还要使用，应该保存路径以免丢失。存储工作路径有以下两种方法。

方法1：在"路径"面板中，将鼠标指针放置到"工作路径"上后按下鼠标左键并向下拖动至 按钮，释放鼠标左键，即可将其以"路径1"名称命名，且保存路径。

方法2：选择要存储的路径，然后单击"路径"面板右上角的 按钮，在弹出的菜单中选择"存储路径"命令，弹出"存储路径"对话框，将工作路径按指定的名称存储。

7.3.3 形状工具

使用形状工具可以快速地绘制各种简单的图形，包括矩形、圆角矩形、椭圆、多边形、直线或任意自定义形状的矢量图形，也可以利用该工具创建一些特殊的路径效果。

1. 矩形工具

使用"矩形工具"按钮 可以绘制矩形图形或路径，按住〈Shift〉键的同时单击或拖动鼠标绘制，可得到正方形图形或路径。

当"矩形工具"处于激活状态时，单击属性栏中的 按钮，弹出"矩形选项"面板，如图7-28所示。

- "不受约束"：选择此单选按钮后，在图像文件中拖动鼠标可以绘制任意大小和任意长宽比例的矩形。
- "方形"：选择此单选按钮后，在图像文件中拖动鼠标可以绘制正方形。

图7-28 "矩形选项"面板

- ➢ "固定大小"：选择此单选按钮后，在后面的文本框中设置固定的长宽值，再在图像文件中拖动鼠标，即可绘制固定大小的矩形。
- ➢ "比例"：选择此单选按钮后，在后面的文本框中设置矩形的长宽比例，再在图像文件中拖动鼠标，即可绘制设置的长宽比例的矩形。
- ➢ "从中心"：选中此复选框，在图像文件中以任何方式创建矩形时，鼠标指针的起点都为矩形的中心。

2. 圆角矩形工具

"圆角矩形工具"按钮 的用法和属性栏同"矩形工具"相似，只是属性栏中多了一个"半径"选项。此选项主要用于设置圆角矩形的平滑度，数值越大，边角越平滑。

3. 椭圆工具

"椭圆工具"按钮 的用法和属性栏与"矩形工具"相同，此处不再赘述。

4. 多边形工具

"多边形工具"按钮 是绘制正多边形或星形的工具，其属性栏与"矩形工具"相似，只是多了一个设置多边形或星形边数的"边"选项。单击属性栏中的 按钮，弹出图7-29所示的"多边形选项"面板。其上各参数功能如下。

- ➢ "半径"：用于设置多边形或星形的半径长度。设置相应的参数后，即可绘制固定大小的正多边形或星形。
- ➢ "平滑拐角"：选中此复选框后，在图像文件中拖动鼠标指针，可以绘制圆角效果的正多边形或星形。

图7-29 "多边形选项"面板

- ➢ "星形"：选中此复选框后，在图像文件中拖动鼠标指针，可以绘制边向中心位置缩进的星形图形。
- ➢ "缩进边依据"：在右侧的文本框中设置相应的参数，可以限定边缩进的程度，取值范围为1%~99%，数值越大，缩进量越大。只有选中了"星形"复选框后，此选项才可以设置。
- ➢ "平滑缩进"：此选项可以使多边形的边平滑地向中心缩进。

5. 直线工具

"直线工具"按钮 的属性栏与"矩形工具"相似，只是多了一个设置线段或箭头粗细的"粗细"选项。单击属性栏中的 按钮，弹出图7-30所示的"箭头"面板。

- ➢ "起点"：选中此复选框后，在绘制线段时，起点处带有箭头。
- ➢ "终点"：选中此复选框后，在绘制线段时终点处带有箭头。
- ➢ "宽度"：用于确定箭头宽度与线段宽度的百分比。
- ➢ "长度"：用于确定箭头长度与线段长度的百分比。
- ➢ "凹度"：用于确定箭头中央凹陷的程度。

6. 自定形状工具

"自定形状工具"按钮 的属性栏与"矩形工具"相似，只是多了一个"形状"选项，单击此选项后面的按钮，弹出图7-31所示的"自定形状选项"面板。

在面板中选择所需要的图像后，在图像文件中拖动鼠标，即可绘制相应的图形。

图 7-30 "箭头"面板

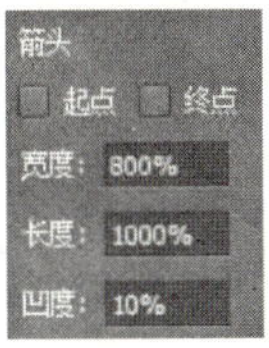

图 7-31 "自定形状选项"面板

7.4 绘制和修复图像

7.4.1 图像的裁剪和移动

1. 图像的裁剪

在进行图像处理时，经常需要对其裁剪，删除多余的内容，使画面更加完美。选择"裁剪工具"按钮 后，画面中出现裁切框，调整裁切框大小以确定裁切区域，如图 7-32 所示。

图 7-32 裁切图像

"裁剪工具"的属性栏如图 7-33 所示。其上各参数功能如下。

图 7-33 "裁剪工具"属性栏

- "约束方式"：在约束方式 下拉列表框中可以选择多种裁切约束比例。
- "约束比例"：在约束比例 文本框中可以输入自定义的约束比例数值。
- "旋转"：单击"旋转"按钮 ，可旋转裁切框。
- "拉直"：单击"拉直"按钮 ，通过在图像上画一条直线来拉直图像。
- "视图"：在其下拉列表中可以选择裁切的参考线的方式，也可以设置参考线的叠加方式。
- "设置其他裁切选项"按钮 ：可以对裁切的其他参数进行设置，例如可以使用经典模式，或设置裁切屏蔽的颜色、透明度等参数。
- "删除裁剪的像素"：确定是否保留或删除裁剪框外部的像素数据。如果取消选中该复选框，多余的区域可以处于隐藏状态。如果想要还原裁切之前的画面只需要再次

161

选择"裁剪工具",然后随意操作即可看到原文档。

2. 移动图像

"移动工具" 是最常用的工具之一,不论是在文档中移动图层、选区内的图像,还是将其他文档中的图像拖入到当前文档,都需要使用"移动工具"。"移动工具"的属性栏如图7-34所示。其参数功能如下。

图 7-34 "移动工具"属性栏

- ➤ "自动选择":如果文档中包含多个图层或组,可选中该复选框并在下拉列表中选择要移动的内容,包括"组"及"图层"选项。
- ➤ "显示变换控件":选中该复选框后,选择一个图层时,会在图层内容的周围显示定界框,用户就可以拖动控制点来对图像进行变换操作。
- ➤ "对齐图层":选择两个或两个以上的图层,可单击对齐图层 中相应的按钮,即可将所选图层对齐。
- ➤ "分布图层":如果选择了3个或3个以上的图层,可单击分布图层 中相应的按钮,使所选图层按照一定的规则均匀分布。
- ➤ "3D模式":用于对3D对象进行移动、旋转、滑动、拖动和缩小操作。

7.4.2 设置颜色的基本方法

当使用画笔、渐变和文字等工具进行填充、描边、修饰图像等操作时,都需要设定颜色。下面介绍设置颜色的基本方法。

1. 设置前景色和背景色

Photoshop 工具箱底部有一组前景色和背景色设置按钮,在 Photoshop 中所有要被用到图像中的颜色都会在前景色或者背景色中表现出来。在默认情况下前景色为黑色,背景色为白色,如图7-35所示。其上各参数功能如下。

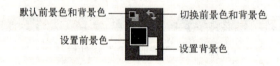

图 7-35 前景色和背景色设置

- ➤ "默认前景色和背景色":单击此按钮,即可将当前前景色和背景色调整到默认的前景色和背景色效果状态,按键盘上的〈D〉键可以快速将前景色和背景色调整到默认的效果。
- ➤ "切换前景色和背景色":单击此按钮,可使前景色和背景色互换,按键盘上的〈X〉键,可以快速切换前景色和背景色的颜色。
- ➤ "设置前景色":该色块显示的是当前所使用的前景色。单击该色块,即可弹出"拾色器(前景色)"对话框,在其中可对前景色进行设置。
- ➤ "设置背景色":该色块显示的是当前所使用的背景色。单击该色块,即可弹出"拾色器(背景色)"对话框,在其中可对背景色进行设置。

2. 拾色器的应用

单击工具箱中的前景色图标，打开"拾色器（前景色）"对话框，如图 7-36 所示。在"拾色器（前景色）"对话框中可以定义当前前景色或背景色的颜色。

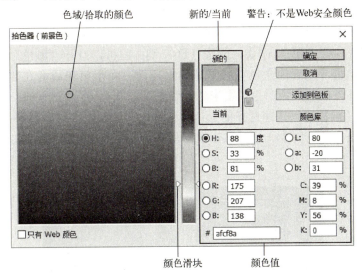

图 7-36 "拾色器（前景色）"对话框

- "新的/当前"："新的"颜色块中显示的是当前设置的颜色，"当前"颜色块中显示的是上一次使用的颜色。
- "色域/拾取的颜色"：在"色域"中拖动鼠标可以改变当前拾取的颜色。
- "颜色滑块"：拖动颜色滑块可以调整颜色范围。
- "只有 Web 颜色"：选择该复选框，表示只在色域中显示 Web 安全色。
- "警告：不是 Web 安全颜色"：表示当前设置的颜色不能在网上准确显示，单击警告下面的小方块，可以将颜色替换为与其最为接近的 Web 安全颜色。
- "添加到色板"：单击该按钮，可以将当前设置的颜色添加到"色板"面板。
- "颜色库"：单击该按钮，可以切换到"颜色库"对话框。
- "颜色值"：显示了当前设置颜色的颜色值，也可以输入颜色值来精确定义颜色。

3. 使用"吸管工具"吸取颜色

使用工具箱中的"吸管工具" 可以从当前图像上进行取样，同时用取得的颜色重新定义前景色或背景色。"吸管工具"属性栏如图 7-37 所示。其上各参数功能如下。

图 7-37 "吸管工具"属性栏

- "取样大小"：用来设置"吸管工具"的取样范围。选择"取样点"选项，可拾取光标所在位置像素的精确颜色；选择"3×3 平均"选项，可拾取光标所在位置 3 个像素区域内的平均颜色；选择"5×5 平均"选项，可拾取光标所在位置 5 个像素区域内的平均颜色；其他选项以此类推。
- "样本"："当前图层"表示只在当前图层上取样；"所有图层"表示在所有图层上取样。

➢ "显示取样环"：选中该复选框，可在拾取颜色时显示取样环。

操作点拨：

按住〈Alt〉键单击，可拾取单击点的颜色并将其设置为背景色；如果将鼠标指针放在图像上，然后按住鼠标在屏幕上拖动，则可以拾取窗口、菜单栏和面板的颜色。

4. "颜色"面板的使用

执行"窗口"→"颜色"命令，或按〈F6〉键，就可以打开"颜色"面板，当需要设置前景色时，先单击"设置前景色"按钮，然后拖动三角形滑块或者在数值框中输入数字即可，也可以在下方的条形色谱上单击来选择颜色，如图7-38左图所示。

使用"色板"面板可以快速选择前景色和背景色。该面板中的颜色都是系统预设好的，移动鼠标指针至面板的色块中，此时鼠标指针呈吸管状，单击鼠标即可选择该色块的颜色，如图7-38右图所示。

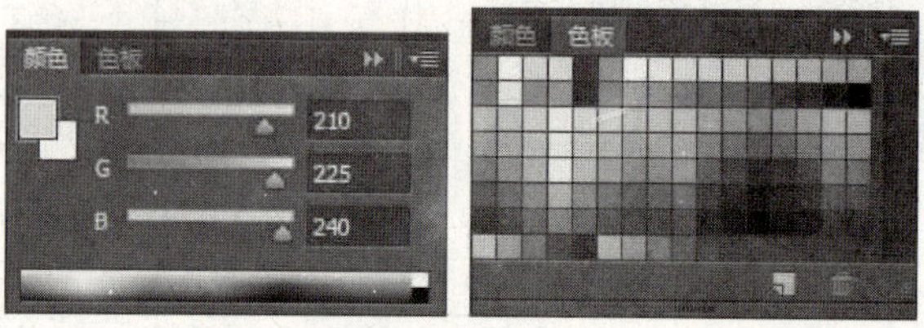

图7-38 "颜色"面板和"色板"面板

7.4.3 填充与描边

填充是指在图像或选区内填充颜色，描边则是指为选区描绘轮廓。进行填充和描边操作时，可以使用"油漆桶工具"、"渐变工具"、"填充"和"描边"命令。

1. 油漆桶工具

使用"油漆桶工具"可以根据图像的颜色容差填充颜色或图案。选择"油漆桶工具"后，鼠标单击处将以前景色填充。"油漆桶工具"属性栏如图7-39所示。其上各参数功能如下。

图7-39 "油漆桶工具"属性栏

➢ "填充内容"：单击"填充内容"右侧下拉按钮，可以在下拉列表中选择填充内容，包括"前景"和"图案"。

➢ "模式"／"不透明度"：用来设置填充内容的混合模式和不透明度。

➢ "容差"：用来定义必须填充的像素的颜色相似程度。低容差会填充颜色值范围内与单击点像素非常相似的像素，高容差则填充更大范围内的像素。

➢ "消除锯齿"：选中该复选框，可以平滑填充选区的边缘。

➢ "连续的"：选中该复选框，只填充与鼠标单击点相邻的像素；取消选中时，可填充图像中的所有相似的像素。

➢ "所有图层"：选中该复选框，表示基于所有可见图层中的合并颜色数据填充像素；取消选中，则仅填充当前图层。

2. 渐变工具

"渐变工具" ■ 是一种特殊的填充工具，通过它可以填充由几种渐变色组成的颜色。"渐变工具"属性栏如图 7-40 所示。其上各参数功能如下。

图 7-40 "渐变工具"属性栏

- "渐变颜色条"："渐变颜色条" ■■■ 显示了当前的渐变颜色，单击其右侧的下拉按钮，可以在打开的下拉面板中选择一个预设的渐变。如果直接单击渐变颜色条，则会弹出"渐变编辑器"对话框。
- "渐变类型"：单击"线性渐变"按钮■，可以创建以直线显示的从起点到终点的渐变；单击"径向渐变"按钮■，可创建以圆形图案显示的从起点到终点的渐变；单击"角度渐变"按钮■，可创建围绕起点以逆时针为扫描方式的渐变；单击"对称渐变"按钮■，可创建使用均衡的线性渐变在起点的任意一侧的渐变；单击"菱形渐变"按钮■，可创建以菱形方式显示的从起点向外的渐变，终点定义菱形的一个角。
- "模式"：用来设置应用渐变时的混合模式。
- "不透明度"：用来设置渐变效果的不透明度。
- "反向"：可转换渐变中的颜色顺序，得到反方向的渐变结果。
- "仿色"：选中该复选框，可使渐变效果更加平滑，主要用于防止打印时出现条带化现象，但在屏幕上并不能明显体现出作用。
- "透明区域"：选中该复选框，可以创建包含透明像素的渐变；取消选中，则创建实色渐变。

"渐变编辑器"对话框主要用来创建、编辑、管理、删除渐变，如图 7-41 所示。其上各参数功能如下。

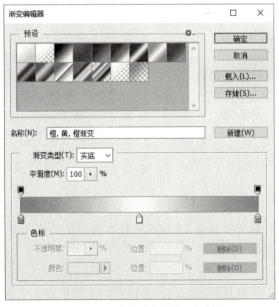

图 7-41 "渐变编辑器"对话框

165

- ➤ "预设"：显示 Photoshop CS6 提供的基本预设渐变方式。单击图标按钮后，可以设置该样式的渐变，还可以单击其右侧 ● 按钮，弹出快捷菜单，选择其他的渐变样式。
- ➤ "名称"：在"名称"文本框中可显示选定的渐变名称，也可以输入新建的渐变名称。
- ➤ "渐变类型"/"平滑度"：单击"渐变类型"下拉按钮，可选择显示为单色形态的"实底"和显示为多种色带形态的"杂色"两种类型。
- ➤ "色标"：用于调整渐变中应用的颜色或颜色的范围，可以通过拖动滑块的方式更改色标的位置。双击色标滑块，弹出"选择色标颜色"对话框，从中可以选择需要的渐变颜色。
- ➤ "不透明度"：用于调整渐变中应用的颜色的不透明度，默认值为 100%。数值越小，渐变颜色越透明。
- ➤ "载入"：单击该按钮，可以在弹出的"载入"对话框中打开保存的渐变。
- ➤ "存储"：通过"存储"对话框可将新设置的渐变进行存储。
- ➤ "新建"：在设置新的渐变样式后，单击"新建"按钮，可将这个样式新建到预设框中。

3. "填充"命令

使用"填充"命令可以在当前图层或选区内填充颜色或图案，在填充时还可以设置不透明度和混合模式。文本图层和被隐藏的图层不能进行填充，执行"编辑"→"填充"命令，或按〈Shift+F5〉组合键，可以打开"填充"对话框，如图 7-42 所示。

4. "描边"命令

使用"描边"命令可以为选区描边，在描边时还可以设置混合方式和不透明度。创建选区后，执行"编辑"→"描边"命令，可以打开"描边"对话框，如图 7-43 所示。

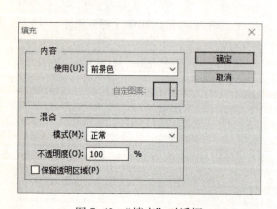

图 7-42 "填充"对话框

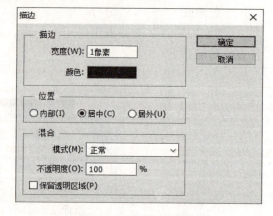

图 7-43 "描边"对话框

7.4.4 图像绘画工具

画笔、铅笔、颜色替换等工具是 Photoshop CS6 提供的绘画工具，它们可以绘制和修改像素。下面介绍这些工具的使用方法。

1. 画笔工具

"画笔工具" 是用于涂抹颜色的工具。画笔的笔触形态、大小及材质，都可以随意调整。选择"画笔工具"后，其属性栏如图 7-44 所示。其上各参数功能如下。

图 7-44 "画笔工具"属性栏

- "画笔下拉面板"：在画笔下拉面板中可以选择笔尖，设置画笔的大小和硬度。
- "模式"：可以选择画笔笔迹颜色与下面像素的混合模式。
- "不透明度"：用来设置画笔的不透明度。该值越低，线条的透明度越高。
- "流量"：用来设置将鼠标指针移动到某个区域上方时应用颜色的速率。在某个区域上方涂抹时，如果一直按住鼠标按键，颜色将根据流动的速率增加，直至达到不透明度设置。

操作点拨：

当"画笔工具"处于选取状态时，按〈[〉键可以快速缩小画笔尺寸，按〈]〉键可以快速增大画笔尺寸。

2. "画笔"面板

画笔除了可以在属性栏和画笔下拉面板中进行设置外，还可以通过"画笔"面板进行更丰富的设置。执行"窗口"→"画笔"命令，就可以调出"画笔"面板，如图 7-45 所示。其上各参数功能如下。

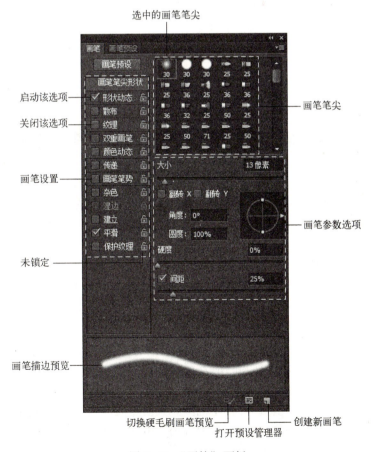

图 7-45 "画笔"面板

- "画笔预设"：单击该按钮，可以打开"画笔预设"面板。
- "画笔设置"：选择这些画笔设置选项，可以切换到与该选项相对应的内容。
- "启用/关闭选项"：处于选中状态的选项代表启用状态；处于未选中状态的选项代表关闭状态。
- "锁定/未锁定"：锁定或未锁定画笔笔尖形状。
- "选中的画笔笔尖"：当前选择的画笔笔尖。
- "画笔笔尖"：显示了 Photoshop 提供的预设画笔笔尖。
- "画笔参数选项"：用来调整画笔参数。
- "画笔描边预览"：选择一个画笔后，可以在预览框中预览该画笔的外观形状。
- "切换硬毛刷画笔预览"：使用毛刷笔尖时，在画布中实时显示笔尖的样式。
- "打开预设管理器"：单击该按钮，可打开"预设管理器"对话框。
- "创建新画笔"：将当前设置的画笔保存为一个新的预设画笔。

3. 铅笔工具

"铅笔工具"按钮 用来绘制线条，但是它只能绘制硬边线条，其操作和设置方法与"画笔工具"按钮 几乎相同。"铅笔工具"的属性栏与"画笔工具"的属性栏基本相同，只是多了"自动涂抹"设置选项，如图 7-46 所示。

图 7-46 "铅笔工具"属性栏

4. 颜色替换工具

"颜色替换工具"按钮 是用设置好的前景色来替换图像中的颜色。"颜色替换工具"属性栏如图 7-47 所示。其上各参数功能如下。

图 7-47 "颜色替换工具"属性栏

- "模式"：包括"色相""饱和度""颜色""明度"4 种模式。常用的模式为"颜色"模式，这也是默认模式。
- "取样"：取样方式包括"连续" 、"一次" 、"背景色板" 。其中，"连续"是以鼠标指针当前位置的颜色为颜色基准；"一次"是始终从开始涂抹时的基准颜色为颜色基准；"背景色板"是以背景色为颜色基准进行替换。
- "限制"：设置替换颜色的方式，以工具涂抹时的第一次接触颜色为基准色。"限制"包括 3 个选项，分别为"连续""不连续"和"查找边缘"。其中，"连续"是以涂抹过程中鼠标指针当前所在位置的颜色作为基准颜色来选择替换颜色的范围；"不连续"是指凡是鼠标指针移动到的地方都会被替换颜色；"查找边缘"主要是将色彩区域之间的边缘部分替换颜色。
- "容差"：用来设置颜色替换的容差范围。数值越大，则替换的颜色范围也越大。
- "消除锯齿"：选中该复选框，可以为矫正的区域定义平滑的边缘，从而消除锯齿。

7.4.5 图像修复工具

使用图像修复工具可以对数码照片进行后期处理,以弥补在拍摄时因技术或其他原因导致的效果缺陷。

1. 仿制图章工具

"仿制图章工具"按钮 可以将指定的图像区域像盖章一样,复制到另一区域中。"仿制图章工具"应用的效果如图 7-48 所示。

图 7-48 "仿制图章工具"应用效果

"仿制图章工具"的属性栏如图 7-49 所示。

图 7-49 "仿制图章工具"属性栏

- ➢ "对齐":选中该复选框,可以连续对对象进行取样;取消选中,则每单击一次鼠标,都使用初始取样点中的样本像素。
- ➢ "样本":在"样本"下拉列表框中可以选择取样的目标范围,分别是"当前图层""当前和下方图层"及"所有图层"。

2. 图案图章工具

"图案图章工具"按钮 可以将特定区域指定为图案纹理,并可以通过拖动鼠标填充图案,因此该工具常用于背景图片的制作。"图案图章工具"的属性栏如图 7-50 所示。

图 7-50 "图案图章工具"属性栏

- ➢ "对齐":选中该复选框,可以保持图案与原始图案的连续性,即使多次单击也不例外;取消选中时,则每次单击都重新应用图案。
- ➢ "印象派效果":选中该复选框,则对绘画选取的图像产生模糊、朦胧化的印象派效果。

7.4.6 图像的变换

旋转、缩放、扭曲等操作是图像变换的基本操作。

1. 缩放对象

执行"编辑"→"变换"→"缩放"命令,显示定界框,将鼠标指针放置在定界框四周的控制点上，当变成↕形状时，单击并拖动鼠标可缩放对象。

2. 旋转对象

执行"编辑"→"变换"→"旋转"命令，显示定界框，将鼠标指针放置在定界框外，当变成↻形状时，单击并拖动鼠标即可旋转对象。操作完成后，在定界框内双击确认。

3. 扭曲对象

执行"编辑"→"变换"→"扭曲"命令，显示定界框，将鼠标指针放置在定界框周围的控制点上，当变成▷形状时，单击并拖动鼠标即可扭曲对象。

7.5 课堂练习——设计制作网站配图

网站上除文字以外的图像统称为网站配图，惊艳的网站配图可增强网站的美感，达到良好的宣传作用。这里综合本章学习的知识点，熟悉制作网页素材的具体操作。

1. 练习目标

通过本练习的制作，掌握"渐变工具""画笔工具""选择工具"等的使用方法。本课堂练习制作完成的最终效果如图 7-51 所示。

图 7-51　最终效果图

素材所在位置：……\第 7 章\课堂案例\案例素材。
效果所在位置：……\第 7 章\课堂案例\案例效果。

2. 操作思路

1）新建文件。执行"文件"→"新建"命令，创建一个新文件，参数设置如图 7-52 所示。

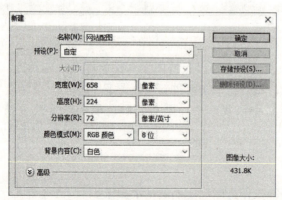

图 7-52　"新建"文件的参数设置

2）新建填充图层。执行"图层"→"新建填充图层"→"渐变"命令，打开"新建图层"对话框，单击"确定"按钮，如图 7-53 所示。

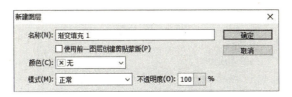

图 7-53 "新建图层"对话框

3）打开"渐变填充"对话框，如图 7-54 所示。设置"渐变"色，"渐变编辑器"对话框中的设置如图 7-55 所示。

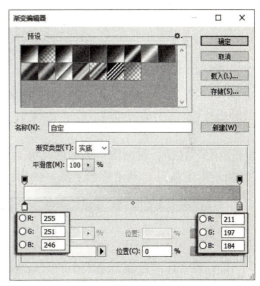

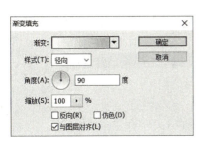

图 7-54 "渐变填充"对话框　　　　　　　图 7-55 "渐变编辑器"对话框中的设置

4）制作斜纹效果。新建一个 3×3 像素的文件，背景颜色为透明，将图片放大至 800%。将前景色设置为黑色，在工具箱中选择"铅笔工具"，设定笔尖大小为 1 像素。用"铅笔工具"画出图 7-56 所示的效果。

图 7-56 "斜纹"图案制作

5）执行"编辑"→"定义图案"命令，将图案名称设置为"斜纹"。

6）回到"网站配图"文件，新建图层，将图层名更改为"斜纹"。执行"编辑"→"填充"命令，用步骤 5）中定义的图案填充该图层，参数设置如图 7-57 所示。

7）设置图层"斜纹"的混合模式为柔光。

8）添加白色边框。新建图层，将图层名更改为"白色边框"。单击"矩形选框工具"按钮，绘制矩形选区，执行"编辑"→"描边"命令，设置描边宽度为 2 像素，颜色为白色。绘制好的白色边框如图 7-58 所示。

9）在"图层"面板中单击"创建新组"按钮，将组名修改为"背景"，将以上步骤生成的 3 个图层拖动到"背景"组中。

10）单击"创建新组"按钮，将组名修改为"相片"。选中"相片"组，单击"创

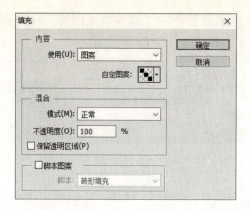

图 7-57 "填充"对话框中的参数设置

图 7-58 白色边框效果图

建新图层"按钮,将新图层名称修改为"外边框"。将前景色设置为白色,在工具箱中选择"圆角矩形工具","圆角矩形工具"的属性栏设置如图 7-59 所示。

图 7-59 "圆角矩形工具"的属性栏设置

11)在视图中绘制合适大小的圆角矩形,效果如图 7-60 所示。

12)新建图层,将图层名修改为"内边框",将前景色设置为灰色,使用"圆角矩形工具"绘制一个较"外边框"稍小的"内边框",效果如图 7-61 所示。

图 7-60 外边框效果图   图 7-61 内边框效果图

13)执行"文件"→"打开"命令,打开"第 7 章\课堂案例\案例素材\欧洲风景\01.jpg"文件,在"背景"层上单击鼠标右键,选择"复制图层"命令,在弹出的"复制图层"对话框中为目标文档选择"网站配图"。回到"网站配图"文件,将复制过来的风景图层名更改为"风景相片",并使其位于"内边框"图层的上方。执行"编辑"→"自由变换"命令,适当缩小图像。

14)选择"风景相片"图层,执行"图层"→"创建剪贴蒙版"命令,并利用"移动工具"适当调整风景照片的位置,效果如图 7-62 所示。

15）选择"相片"组，执行"编辑"→"自由变换"命令，适当旋转角度，并为外边框添加"投影"样式，效果如图7-63所示。

图7-62 相框效果图　　　　　　图7-63 自由变换后的相框效果图

16）参照上述方法，制作其他照片效果。

17）制作文字区。单击"创建新组"按钮，将组名修改为"文字区"。在工具箱中的形状工具组中选择"椭圆工具"，"椭圆工具"属性栏的参数设置如图7-64所示。

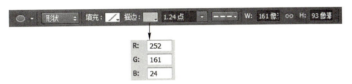

图7-64 "椭圆工具"属性栏的参数设置

18）在视图中绘制适当大小的椭圆，生成"椭圆1"图层，将图层名更改为"虚线边框"。执行"编辑"→"变换路径"→"变形"命令，调整椭圆形状如图7-65所示。

图7-65 调整椭圆形状

19）选中"路径"面板中的"虚线边框形状路径"，按住鼠标左键并将其拖动至"路径"面板底部的"创建新路径"按钮上，然后松开鼠标左键，此时生成"路径1"。再次选中"路径1"，按住鼠标左键并将其拖动至"路径"面板底部的"创建新路径"按钮上，然后松开鼠标左键，此时生成"路径1副本"。选中"路径1副本"，执行菜单"编辑"→"自由变换路径"命令，当路径周围出现控制点后，按下〈Alt+Shift〉组合键适当扩大路径。选中"路径"面板中的"路径1副本"，单击"路径"面板下方的"将路径作为选区载入"按钮，此时路径转换为选区，如图7-66所示。

20）新建图层，将图层名更改为"白底"并将其移动到"虚线边框"图层的下方。将前景色设置为白色，按下〈Alt+Delete〉组合键，将选区填充为白色。按下〈Ctrl+D〉组合键取消选区。

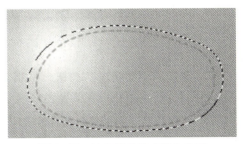

图7-66 扩大路径并变换为选区

21）单击工具箱中的"横排文字工具"按钮，输入文字"欧洲快乐行"，属性栏中的参数设置如图 7-67 所示。

图 7-67 "横排文字工具"属性栏的参数设置

22）双击文字图层"欧洲快乐行"，弹出"图层样式"对话框，设置"描边"和"投影"效果，如图 7-68 所示。

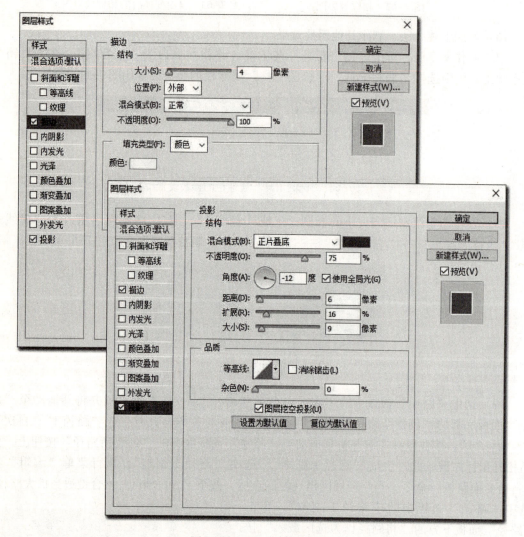

图 7-68 添加"图层样式"

23）单击"创建新组"按钮，将组名修改为"旅游地"。新建图层，将图层名更改为"瑞士底图"。将前景色设置为蓝色（颜色值为#2050c9），在工具箱中选择"椭圆工具"，按下〈Shift〉键的同时拖动鼠标，绘制一个大小合适的正圆，"椭圆工具"属性栏的参数设置如图 7-69 所示。

图 7-69 "椭圆工具"属性栏的参数设置

24）单击工具箱中的"横排文字工具"按钮，输入文字"瑞士"，其属性栏的参数设置及效果图如图 7-70 所示。

图 7-70 "横排文字工具"属性栏参数设置和效果图

25）按住〈Ctrl〉键的同时单击"瑞士"文字图层和"瑞士底图"图层，单击鼠标右键，在弹出的快捷菜单中选择"链接图层"命令。参照上述介绍的方法，添加其他旅游地，效果如图 7-71 所示。

图 7-71 旅游地名添加后的效果图

26）执行"文件"→"打开"命令，打开"第 7 章\课堂案例\案例素材\建筑\飞机.png"文件，将飞机图像复制到"网站配图"文件中，将图层名更改为"飞机"，将其放入"旅游地"组中。执行"编辑"→"自由变换"命令，缩小图像尺寸到合适大小，效果如图 7-72 所示。

图 7-72 复制飞机图像并调整后的效果

27）制作飞机尾迹。将前景色设置为白色，选择工具箱中的"画笔工具"按钮，单

175

击其属性栏中的"切换画笔面板"按钮，分别设置"画笔笔尖形状""形状动态""散布"和"纹理"参数，如图7-73所示。

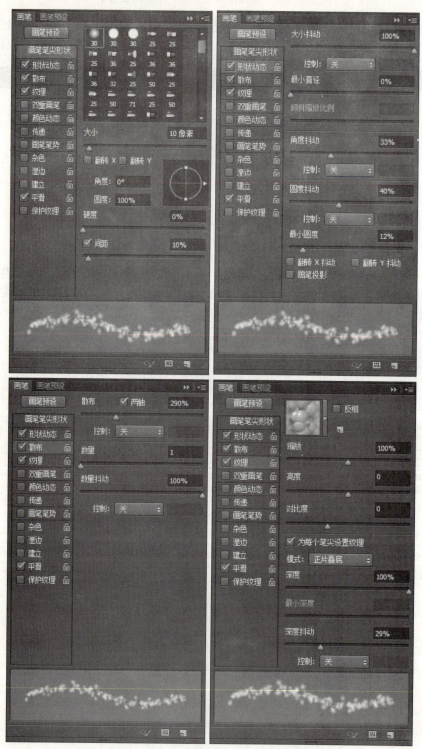

图7-73 在"画笔"面板中设置参数

28）新建图层，将图层名更改为"白烟"。单击工具箱中的"钢笔工具"按钮，绘制一条路径，如图7-74所示。

图7-74 绘制路径

29）执行"窗口"→"路径"命令，打开"路径"面板，单击面板底部的"用画笔描边路径"按钮，此时得到飞机飞过的白烟效果，如图7-75所示。

图7-75 画笔描边后的效果图

30）添加景观图像。单击"创建新组"按钮，将组名修改为"景观"，调整组顺序，使得"景观"组位于"文字区"组的下方。执行"文件"→"打开"命令，打开"第7章\课堂案例\案例素材\建筑\01.png"文件，将图像复制到"网站配图"文件中，将图层名更改为"景观1"，将其放入"景观"组中。执行"编辑"→"自由变换"命令，适当缩小图像尺寸并调整角度到合适的位置，效果如图7-76所示。

图7-76 添加景观图像后的效果

31)参照上述介绍的方法,添加其他景观图像效果如图 7-77 所示。

32)单击"创建新组"按钮,组名修改为"装饰"。执行"文件"→"打开"命令,打开"第 7 章\课堂案例\案例素材\建筑\气球 1.png"文件,将图像复制到"网站配图"文件中,将图层名更改为"气球 1",并将其放入"装饰"组中。执行"编辑"→"自由变换"命令,适当缩小图像尺寸并调整角度到合适的位置。同理,插入"气球 2.png""花朵 1.png"和"花朵 2.png",效果如图 7-77 所示。

图 7-77 装饰后的效果图

33)在"装饰"组中新建图层,将图层名修改为"星星"。将前景色设置为淡粉色,选择工具箱中的"多边形工具"按钮,其属性栏参数设置如图 7-78 所示。

图 7-78 "多边形工具"属性栏参数设置

34)绘制星星做点缀。最终的效果如图 7-79 所示。

图 7-79 完成后的效果图

7.6 本章小结

本章学习了图像处理的基础知识,Photoshop CS6 的工作界面、基本操作、创建选区及选区的编辑。其中,选区的创建是重点,熟练掌握各选区工具的应用范围,灵活和恰当地运用选区工具是完成图像处理任务的基础。画笔工具组、仿制图章工具组、形状工具组,用于图像的绘制与修饰,熟练、灵活和恰当地运用此类工具,能够完成图像的美化工作。

7.7 课后习题

网站配图一般是为了宣传、推广某个产品或新功能等，目的是吸引用户，可以用不同形式或手法来表现，但要通情达意、突出主题、富有乐趣，并且与整个网站页面相协调。本章习题设计并制作食品网站配图，参考效果如图7-80所示。

图 7-80 食品网站配图

第 8 章 使用 Photoshop CS6 制作网站效果图

学习要点：

- 认识 Photoshop CS6 中的图层
- 图层的基本操作
- 图层样式及混合模式
- 创建文本
- 设置文本
- 切片工具的使用

学习目标：

- 掌握图层的基本操作
- 掌握图层样式和图层混合模式的应用
- 掌握文本工具的用法
- 掌握切片工具的用法
- 熟练使用 Photoshop CS6 制作网页效果图

导读：

图层是 Photoshop 的一项核心功能。一幅成品图像往往是由许多图像元素组合而成的。在图像的设计和制作过程中，为了能够单独地对其中各个元素进行修改和编辑，而不影响到其他元素，Photoshop 引入了图层的概念。通过在原始图像中创建各种不同类型的图层，并对这些图层进行编辑、修改、应用图层样式等处理，从而制作出表现力丰富、信息量巨大的合成图像。因此，在网页制作过程中，网页配图的制作离不开 Photoshop，更离不开图层的相关操作。

8.1 图层

图层是 Photoshop 中最重要的功能之一，也是图像处理的重要手段。Photoshop 中的图层可以理解为一张透明的纸，没有绘制内容的区域是透明的，透过透明区域可看到其下方的内容。这样按照顺序叠放起来的透明纸，就像 Photoshop 中的多个图层，每个图层的内容叠加起来就构成了完整的图像。

图层理论模型如图 8-1 所示。

Photoshop CS6 中的图像通常由多个图层组成，图层之间有相对

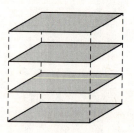

图 8-1 图层理论模型

的独立性。图层原理如图 8-2 所示。

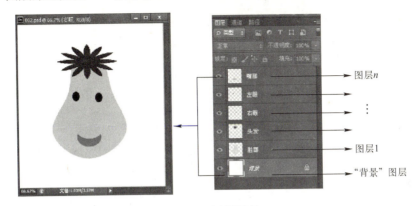

图 8-2　图层原理

很多软件都有图层的功能，但不管是哪种软件中的图层，几乎都有相同的 3 种特性：透明性、独立性、层次性。
> 透明性：就是通过上方图层的透明区域查看下方图层中没有发生重叠的内容。
> 独立性：在默认情况下，所有的操作只能对当前图层中的对象进行，不会影响其他层的对象。
> 层次性：图层与图层之间存在叠放次序的关系，如图 8-3 所示。

图 8-3　图层的叠放次序及其遮挡关系

8.1.1　"图层"面板

"图层"面板用来创建、编辑和管理图层，以及为图层添加样式，设置图层的不透明度和混合模式。执行"窗口"→"图层"命令，即可打开"图层"面板，"图层"面板中各组成元素的含义如图 8-4 所示。

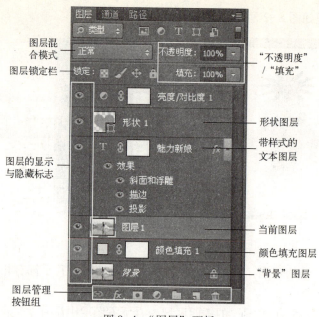

图 8-4 "图层"面板

8.1.2 图层种类

根据图层的不同特点，可以将图层分为以下几类。

1. "背景"图层

在 Photoshop CS6 中，一个图像文件只有一个"背景"图层，位于图像最下方，处于锁定状态。人们无法对"背景"图层进行"混合模式""锁定""不透明度"和"填充"等属性的设置，无法使用"移动工具"移动"背景"图层中的对象，同时也无法调整"背景"图层与其他图层的叠放次序，但"背景"图层可以与普通图层进行相互转换。

"背景"图层转换为普通图层：选定"背景"图层，执行"图层"→"新建"→"背景图层"命令，或在"图层"面板双击"背景"图层，弹出"新建图层"对话框，如图 8-5 所示。单击"确定"按钮，即可将"背景"图层转换为普通图层。

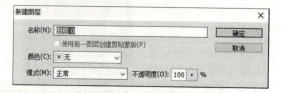

图 8-5 "新建图层"对话框

2. 普通图层

普通图层相当于一张完全透明的纸，是 Photoshop 中最基本的图层类型。

若要将普通图层转换为"背景"图层，可先选中需转换的图层，然后执行"图层"→"新建"→"图层背景"命令，如图 8-6 所示。

3. 文本图层

文本图层是用来处理和编辑文本内容的图层。使用文本工具在图像上输入文字会自动生成文本图层，其缩略图标为 T。

4. 形状图层

使用工具箱中的矢量图形工具在文件中创建图形后，"图层"面板会自动生成形状

图 8-6 普通图层转换为"背景"图层

图层。

5. 填充/调整图层

填充/调整图层是用来控制图像颜色、色调、亮度及饱和度等的辅助图层。单击"图层"面板底部的 按钮,在弹出的菜单中选择任意一个命令,即可创建填充或调整图层。

6. 效果图层

对图层应用图层效果后,右侧会出现一个 图标按钮,这一图层就是效果图层。

7. 蒙版图层

蒙版图层可以显示或隐藏图层的不同区域。其中,该图层中与蒙版的白色部分相对应的图像不产生透明效果,与蒙版的黑色部分相对应的图像完全透明。

8.1.3 图层的基本操作

认识图层后,还需要掌握创建图层和调整图层的具体操作方法。

1. 选定图层

在 Photoshop 中打开的图像都是以图层的形式存在的,用户在使用 Photoshop 进行操作之前,先要选定图层,然后才能对该图层进行操作。选定图层的方法如下。

1)选定单个图层:在"图层"面板上单击鼠标左键即可选定当前图层。

2)选定多个图层。

选择不连续的多个图层,按住〈Ctrl〉键的同时用鼠标左键单击要选定的多个图层即可。

选择连续的多个图层,按住〈Shift〉键的同时用鼠标左键选定连续图层的首尾图层即可。

2. 新建图层

新建图层就是创建一个新图层,当图像文档的现有图层不够用时,可以新建图层。创建新图层的常用方法有以下 5 种。

1)单击"图层"面板中的"创建新图层"按钮 。

2)通过执行"图层"→"新建"→"图层"命令创建,如图 8-7 所示。

3)单击"图层"面板右上角的 按钮,在弹出的菜单中选择"新建图层"命令。

4)通过执行"图层"→"新建"→"通过拷贝的图层"命令创建,如图 8-7 所示。

5)通过执行"图层"→"新建"→"通过剪切的图层"命令创建,如图 8-7 所示。

3. 重命名图层

编辑图像的各个图层时，为了更清晰地操作图层，可以对图层进行重命名。要修改图层名称，直接在"图层"面板上双击目标图层的名称即可。

4. 调整图层叠放顺序

1）执行"图层"→"排列"命令，根据要求选择相应的命令即可调整图层的相对顺序，如图 8-8 所示。

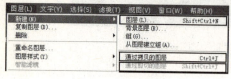
图 8-7 新建图层

图 8-8 调整图层排序

2）在"图层"面板中利用鼠标上下拖动图层也可调整图层顺序。

5. 复制、删除图层

1）选中图层，执行"图层"→"复制图层"/"删除"命令。

2）在"图层"面板的图层上单击鼠标右键在弹出的快捷菜单中选择"复制图层"/"删除图层"命令。

3）单击"图层"面板右上角的 按钮，在弹出菜单中选择"复制图层"/"删除图层"命令。

6. 显示/隐藏图层

图层缩略图左侧的"眼睛"图标按钮控制着图层的可见性，在"眼睛"图标按钮上单击可设置图层内容的可见性。

7. 合并图层

一幅图像往往由多个图层组成，图层越多，文件越大。为缩减文件大小，可以合并图层。图层的合并是指将两个或两个以上的图层合并为一个图层，合并的方式有 3 种。

1）合并图层：所有被选图层合并成一个图层，如图 8-9 所示。

2）合并可见图层：合并图层中的所有可见图层，保留不可见图层，如图 8-10 所示。

3）拼合图像：指将当前图像中所有的图层强行合并为一个图层。在执行"拼合图像"命令后，即把当前图像中所有可见图层拼合到"背景"图层上，同时扔掉隐藏层的图像信息。

操作点拨：

拼合图层操作可以缩小文件大小，方法是将所有可见图层合并到背景中并扔掉隐藏的图层。执行"拼合图层"命令，将用白色填充其余的任何透明区域。存储拼合图像后，图像将不能恢复到未拼合时的状态。

在执行"拼合图层"命令时，Photoshop CS6 会弹出警告对话框询问用户"是否删除所有的不可见图层？"，如图 8-11a 所示。单击"确定"按钮后，将所有可见图层拼合到背景层上，并扔掉隐藏的图层，"图层"面板如图 8-11b 所示。

8. 对齐分布图层

"对齐"可将两个及两个以上的图层按照相应的对齐方式对齐；"分布"可将 3 个及以上图层均匀分布，如图 8-12 所示。

图 8-9 合并图层

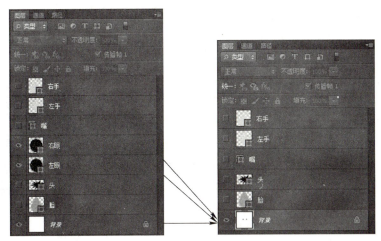

图 8-10 "合并可见图层"命令的应用示例

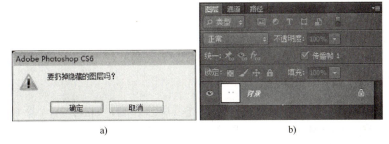

图 8-11 "拼合图层"命令的应用示例
a) 询问对话框　b) "图层"面板

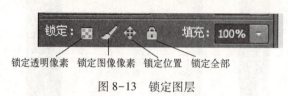

图 8-12　对齐及分布按钮

9. 锁定图层

在"图层"面板中，可根据需要锁定图层的相关属性，以免编辑图像时对图层内容造成误修改。执行锁定图层操作时，可对当前图层进行如图 8-13 所示的操作。

图 8-13　锁定图层

1）锁定透明像素：禁止对该图层的透明区域进行编辑。
2）锁定图像像素：禁止对该图层（包括透明区域）进行编辑。
3）锁定位置：禁止移动该图层，但图层内容还是可编辑的。
4）锁定全部：用户将无法对图层所在的对象进行移动、自由变换、图像编辑、混合模式设置、不透明度和填充设置等操作。

10. 图层组

为了便于管理和查找图层，Photoshop 把相似或关系紧密的图层归在一起，使其成为一组，称为图层组。

操作点拨：

在一个画布中可以不建立图层组，也可以建立一个或多个图层组，每个图层组中还可以嵌套子组。对图层组的操作，往往会影响组中各个图层的操作。

（1）创建图层组

在 Photoshop CS6 中创建图层组有如下几种方法：

△ 执行菜单命令"图层"→"新建"→"组"。
△ 在"图层"面板中单击"创建新组"按钮。
△ 执行"图层"→"新建"→"从图层建立组"命令。

打开的对话框如图 8-14 所示。

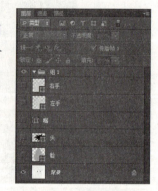

图 8-14　创建图层组

（2）管理图层组

对图层组的管理主要包括重命名组、展开和折叠组、移动组、复制组、删除组、取消图层编组等操作。

8.1.4　填充图层

填充图层的作用就是能对图像的当前效果进行单独控制，而且丝毫不影响图像的原始信息。如果要在当前图像中添加一个填充图层，先要创建填充图层。用户可选择纯色、渐变色或图案 3 种方式来创建填充图层。

1. 创建填充图层

创建填充图层时，首先执行"图层"→"新建填充图层"命令，选择填充方式为"纯色""渐变""图案"中的任意一种（如图 8-15 所示），随即弹出"新建图层"对话框，如图 8-16 所示。

操作点拨：

在创建填充图层时，当选择不同的填充方式（"纯色""渐变"或"图案"）时，图层名称会随着填充方式的选择而改变（图 8-16），同时会打开相对应的对话框。例如选择"纯色"填充，就会打开图 8-17 所示的对话框；选择"渐变"填充，就会打开图 8-18 所示的对话框；选择"图案"填充，就会打开图 8-19 所示的对话框，在对应的对话框中完成具体的设置内容。

图 8-15　新建填充图层

图 8-16　"新建图层"对话框

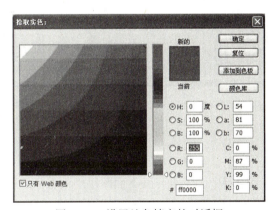

图 8-17　设置纯色填充的对话框

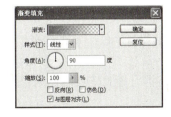

图 8-18　设置渐变填充的对话框

图 8-19　设置图案填充的对话框

2. 填充图层效果示例

下面 4 幅图分别显示了原图（图 8-20）、应用纯色填充图层后的效果图（图 8-21）、应用渐变填充图层后的效果图（图 8-22）和应用图案填充图层后的效果图（图 8-23）。从 4 幅图的对比中不难看出，应用填充图层后，原图仍然能够保留其原始的图像信息。

图 8-20　原图　　　　　　　　　　图 8-21　应用纯色填充后的效果图

图 8-22　应用渐变色填充后的效果图　　　图 8-23　应用图案填充后的效果图

8.1.5　混合模式

图层混合模式决定当前图层中的像素与其下面图层中的像素以何种模式进行混合，简称混合模式。图层混合模式是 Photoshop CS6 最核心的功能之一，也是在图像处理中最为常用的一种技术手段。图层混合模式不同，叠加后的效果也大不相同。使用图层混合模式可以创建各种图层特效，完成充满创意的平面设计作品。

图层混合模式有 3 个最基本的概念：基色、混合色和结果色，下面对这 3 个概念做简单介绍。

基色：基色是图像中的原稿颜色，也就是使用图层混合模式选项时，两个图层中位于下面的那个图层的颜色。

混合色：混合色是通过绘画或编辑工具应用的颜色，即使用图层混合模式命令时，两个图层中位于上面的那个图层的颜色。

结果色：结果色就是应用图层混合模式后得到的颜色，即最后的效果颜色。

1. 图层混合模式的种类

Photoshop CS6 中的图层混合模式共分为 6 组 27 种，如图 8-24 所示。下面列出了部分常用的图层混合模式，并简单介绍。

(1) 组合模式组

- "正常"（Normal）模式：该模式是图层模式中默认的混合模式，在"正常"模式下，"混合色"的显示与不透明度的设置有关。当"不透明度"为 100%，也就是说完全不透明时，"结果色"的像素将完全由所用的"混合色"代替；当"不透明度"小于 100% 时，混合色的像素会透过所用的颜色显示出来，显示的程度取决于不透明度的设置与"基色"的颜色。

- "溶解"（Dissolve）模式：在"溶解"模式中，主要是在编辑或绘制每个像素时，使其成为"结果色"。但是，根据任何像素位置的不透明度，"结果色"由"基色"或"混合色"的像素随机替换。因此，"溶解"模式最好是同 Photoshop 中的一些着色工具一同使用，这样效果较好，如"画笔""仿制图章""橡皮擦"等工具，如图 8-25 所示。

图 8-24　图层混合模式种类

(2) 加深模式组

- "变暗"（Darken）模式：在"变暗"模式中，查看每个通道中的颜色信息，并选择"基色"或"混合色"中较暗的颜色作为"结果色"。比"混合色"亮的像素被替换，比"混合色"暗的像素保持不变。"变暗"模式将导致比背景颜色更淡的颜色从"结果色"中被去掉。

- "正片叠底"（Multiply）模式：在"正片叠底"模式中，可查看每个通道中的颜色信息，并将"基色"与"混合色"复合，"结果色"总是较暗的颜色。任何颜色与黑色复合产生黑色，任何颜色与白色复合保持不变。当用黑色或白色以外的颜色绘画时，绘制的连续描边会产生逐渐变暗的过渡色。

图 8-25　"溶解"模式

操作点拨：

利用"正片叠底"模式可以形成一种光线穿透图层的幻灯片效果。其实就是将"基色"颜色与"混合色"颜色的数值相乘,然后除以255,便得到了"结果色"的颜色值。例如,红色与黄色的"结果色"是橙色,红色与绿色的"结果色"是褐色,红色与蓝色的"结果色"是紫色等,如图8-26所示。

图8-26 "正片叠底"模式

➢ "颜色加深"（Color Burn）模式：在"颜色加深"模式中,查看每个通道中的颜色信息,并通过增加对比度使基色变暗以反映混合色。如果与白色混合,将不会产生变化。除了背景上的较淡区域消失,且图像区域呈现尖锐的边缘特性之外,"颜色加深"模式创建的效果和"正片叠底"模式创建的效果类似,如图8-27所示。

图8-27 "颜色加深"模式

➢ "线性加深"（Linear Burn）模式：在"线性加深"模式中,查看每个通道中的颜色信息,并通过减小亮度使"基色"变暗以反映混合色。如果将"混合色"与"基色"上的白色混合,不会产生变化。

（3）减淡模式组

➢ "变亮"（Lighten）模式：在"变亮"模式中,查看每个通道中的颜色信息,并选择"基色"或"混合色"中较亮的颜色作为"结果色"。比"混合色"暗的像素被替换,比"混合色"亮的像素保持不变。在这种与"变暗"模式相反的模式下,较淡的颜色区域在最终的"结果色"中占主要地位。较暗区域并不出现在最终的"结果色"中。

➢ "滤色"（Screen）模式："滤色"模式与"正片叠底"模式正好相反,它将图像的"基色"与"混合色"结合起来以产生比两种颜色都浅的第三种颜色,其实就是将"混合色"的互补色与"基色"复合,"结果色"总是较亮的颜色。用黑色过滤时颜色保持不变，用白色过滤将产生白色。无论是在"滤色"模式下用着色工具选取一种颜色，还是对"滤色"模式指定一个层，合并的"结果色"始终是相同的合成颜色或一种更淡的颜色。此效果类似于多个摄影幻灯片在彼此之上投影一样。

➢ "颜色减淡"（Linear Dodge）模式：在"颜色减淡"模式中，查看每个通道中的颜色信息，并通过减小对比度使基色变亮以反映混合色。与黑色混合则不发生变化，除了指定要使这个模式的层上边缘区域更尖锐，以及在这个模式下着色的笔画之外，"颜色减淡"模式效果类似于"滤色"模式创建的效果。

➢ "线性减淡"（Color Dodge）模式：在"线性减淡"模式中，查看每个通道中的颜色信息，并通过增加亮度使基色变亮以反映混合色，但是不要与黑色混合，那样是不会发生变化的。

➢ "浅色"（Lighter Color）模式：在"浅色"模式中，比较两个图层的所有通道值的总和并显示较大值的颜色，并不会生成第三种颜色。

（4）对比模式组

➢ "叠加"（Overlay）模式：可把图像的"基色"颜色与"混合色"颜色相混合产生一种中间色。"基色"内比"混合色"暗的颜色使"混合色"颜色倍增，比"混合色"亮的颜色将使"混合色"被遮盖，而图像内的高亮部分和阴影部分保持不变，因此对黑色或白色像素着色时，"叠加"模式不起作用。

➢ "柔光"（Soft Light）模式：用于产生一种柔光照射的效果，如图 8-28 所示。如果"混合色"颜色比"基色"颜色的像素更亮一些，那么"结果色"将更亮；如果"混合色"颜色比"基色"颜色的像素更暗一些，那么"结果色"颜色将更暗，使图像的亮度反差增大。

图 8-28 "柔光"模式

➢ "强光"（Hard Light）模式：用于产生一种强光照射的效果。如果"混合色"颜色比"基色"颜色的像素更亮一些，那么"结果色"颜色将更亮；如果"混合色"颜色比"基色"颜色的像素更暗一些，那么"结果色"将更暗。除了根据背景中的颜色而使背景色是多重的或屏蔽的之外，这种模式实质上同"柔光"模式是一样的。它的效果要比"柔光"模式更强烈一些。同"叠加"模式一样，这种模式也可以在背景对象的表面模拟图案或文本。

➢ "亮光"（Vivid Light）模式：该模式可通过增加或减小对比度来加深或减淡颜色，具体取决于"混合色"。如果"混合色"（光源）比 50%灰色亮，则通过减小对比度使图像变亮。如果"混合色"比50%灰色暗，则通过增加对比度使图像变暗。
- "线性光"（Linear Light）模式：该模式可通过减小或增加亮度来加深或减淡颜色，具体取决于"混合色"。如果"混合色"比50%灰色亮，则通过增加亮度使图像变亮。如果"混合色"比50%灰色暗，则通过减小亮度使图像变暗。
- "点光"（Pin Light）模式：用于替换颜色，具体取决于"混合色"。如果"混合色"比50%灰色亮，则替换比"混合色"暗的像素，而不改变比"混合色"亮的像素。如果"混合色"比50%灰色暗，则替换比"混合色"亮的像素，而不改变比"混合色"暗的像素。这对于向图像中添加特殊效果非常有用。

（5）比较模式组
- "差值"（Difference）模式：在"差值"模式中，查看每个通道中的颜色信息，用图像中"基色"颜色的亮度值减去"混合色"颜色的亮度值，如果结果为负，则取正值，产生反相效果。由于黑色的亮度值为0，白色的亮度值为255，因此用黑色着色不会产生任何影响，用白色着色则会使被着色的原始像素颜色反相。"差值"模式可创建背景颜色的相反色彩。
- "排除"（Exclusion）模式：该模式与"差值"模式相似，但是具有高对比度和低饱和度的特点。比用"差值"模式获得的颜色要柔和及明亮一些。

（6）色彩模式组
- "色相"（Hue）模式：该模式下只用"混合色"颜色的色相值进行着色，而使饱和度和亮度值保持不变。当"基色"颜色与"混合色"颜色的色相值不同时，才能使用描绘颜色进行着色。但要注意的是，"色相"模式不能用于灰度模式的图像。
- "饱和度"（Saturation）模式：该模式的作用方式与"色相"模式相似，它只用"混合色"颜色的饱和度值进行着色，而使色相值和亮度值保持不变。当"基色"颜色与"混合色"颜色的饱和度值不同时，才能使用描绘颜色进行着色处理。

这里需要注意的是，在无饱和度的区域上（也就是灰色区域中）用"饱和度"模式是不会产生任何效果的。
- "颜色"（Color）模式：该模式能够使用"混合色"颜色的饱和度值和色相值同时进行着色，而使"基色"颜色的亮度值保持不变。"颜色"模式可以看成是"饱和度"模式和"色相"模式的综合效果。该模式能够使灰色图像的阴影或轮廓透过着色的颜色显示出来，产生某种色彩化的效果。这样可以保留图像中的灰阶，并且对于给单色图像上色和给彩色图像着色都非常有用。
- "明度"（Luminosity）模式：该模式能够使用"混合色"颜色的亮度值进行着色，而保持"基色"颜色的饱和度值和色相值不变。其实就是用"基色"中的"色相"和"饱和度"以及"混合色"的亮度创建"结果色"。此模式创建的效果与"颜色"模式创建的效果相反。

2. 图层的不透明度与填充

图层的不透明度属性用来设置图层所在对象的总体透明程度，如图8-29所示。而图层的填充属性用来设置图层所在对象特殊效果的透明程度。

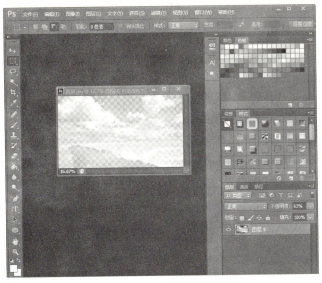

图 8-29　设置图层不透明度

8.2　图层样式

在处理图像时，Photoshop 可以使用图层样式轻松制作各种特殊效果，如阴影、发光、斜面和浮雕、描边等，并且与图层样式的操作基本相似，只要掌握了基本的方法就可以举一反三，实现其他效果。

8.2.1　预设图层样式

Photoshop CS6 提供了一些预先设置好的样式，执行"窗口"→"样式"命令，打开"样式"面板，在"样式"面板中列出了一组内置样式，如图 8-30 所示。利用该面板可以快捷地为图层应用各种特殊效果。

选定应用预设图层样式的图层后，从列表中选择某一种预设样式，即可实现相应的图层效果。下面给图层分别应用了"彩色目标"和"过喷（文字）"的预设样式，前后对比效果如图 8-31 所示。

图 8-30　"样式"面板

图 8-31　设置预设样式前后的对比图

193

8.2.2 自定图层样式

在 Photoshop 中,通过"图层样式"对话框可以对图层添加一种或多种样式,来制作投影、外发光、内发光和浮雕等效果。

在 Photoshop 中打开"图层样式"对话框的方法如下。
➢ 在"图层"面板中双击图层。
➢ 在"图层"面板中单击下方的 fx 图标。
➢ 执行"图层"→"图层样式"命令。

"图层样式"对话框如图 8-32 所示。

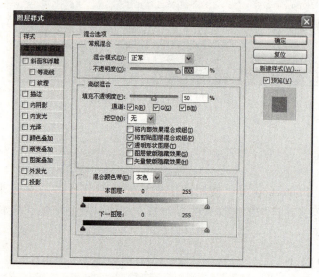

图 8-32 "图层样式"对话框

"图层样式"对话框的"样式"列表框中各样式的作用如下。
➢ 投影、内阴影样式:用于模拟物体被光线照射后产生的阴影效果,主要用来增加图像的立体感。投影样式生成的效果是沿图像边缘向外扩展,而内阴影样式则是沿图像边缘向内产生投影。
➢ 内发光、外发光样式:给图像沿外侧或内侧边缘设置发光效果。
➢ 斜面和浮雕样式:用于增加图像边缘的暗调及高光,使其模拟出浮雕的效果,是图层样式中最复杂的,包括内斜面、外斜面、浮雕、枕形浮雕和描边浮雕。
➢ 光泽样式:可以在图像内部产生游离的发光效果。
➢ 颜色叠加、渐变叠加、图案叠加样式:向图层中填充颜色、渐变和图案。
➢ 描边样式:可以沿图像边缘填充颜色。

8.2.3 复制图层样式

使用 Photoshop 处理图片或制作特效时,人们经常需要对多个图层进行相同样式的设置,如果重复进行操作,则显得非常麻烦。因此,在 Photoshop 中可以使用"拷贝图层样式"功能将设置好的图层样式应用给多个图层,实现相同的效果。

1. 使用菜单命令复制图层样式

1）在"图层"面板选中要复制的样式图层，单击鼠标右键，在弹出的快捷菜单中选择"拷贝图层样式"命令，或执行"图层"→"图层样式"→"拷贝图层样式"命令。

2）在"图层"面板选中目标图层，单击鼠标右键，在弹出的快捷菜单中选择"粘贴图层样式"命令，或执行"图层"→"图层样式"→"粘贴图层样式"命令。

2. 使用鼠标拖动方式复制图层样式

在"图层"面板中按住〈Alt〉键，然后拖移图层效果到另一图层，鼠标指针变为双箭头时松开鼠标，可在图层间复制图层样式。

复制图层样式的前后效果如图 8-33 所示。

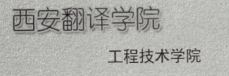 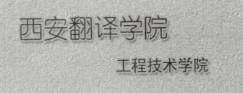

图 8-33　复制图层样式前后效果对比图

8.2.4　清除图层样式

清除图层样式的方法如下。

➢ 在"图层"面板中将相应的图层效果拖动到面板下方的"删除"按钮 上。

➢ 执行"图层"→"图层样式"→"清除图层样式"命令。

➢ 在"图层"面板中单击样式效果左侧的图标按钮 ，可将图层样式隐藏，再次单击该图标，又可将样式显示出来。

清除图层样式前后的效果如图 8-34 所示。

图 8-34　清除"斜面和浮雕"样式前后对比图

8.3　蒙版

蒙版是将不同灰度色值转化为不同的透明度，并作用在它所在的图层中，使图层不同部位的透明度产生相应的变化。黑色为完全透明，白色为完全不透明。蒙版还具有保护和隐藏图像的功能，当对图像的某一部分进行特殊处理时，利用蒙版可以保护图像其余的部分不被修改和破坏。

8.3.1 图层蒙版

图层蒙版是位图图像，与分辨率相关，它是由绘图或选框工具创建的，用来显示或隐藏图层中的某一部分图像。利用图层蒙版也可以保护图层透明区域不被编辑，如图8-35所示。

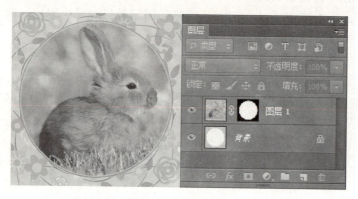

图8-35 图层蒙版

8.3.2 矢量蒙版

矢量蒙版与分辨率无关，是使用"钢笔工具"或形状工具绘制闭合的路径后创建的，路径内的区域显示图层中的内容，路径之外的区域是被屏蔽的区域，如图8-36所示。

图8-36 矢量蒙版

8.3.3 剪贴蒙版

剪贴蒙版是由基底图层和内容图层创建的。将两个或两个以上的图层创建剪贴蒙版后，可用剪贴蒙版中最下方的图层（基底图层）形状来覆盖上面的图层（内容图层）内容，如图8-37所示。

图 8-37　剪贴蒙版

8.3.4　快速蒙版

快速蒙版是用来创建、编辑和修改选区的。单击工具箱下方的"以快速蒙版模式编辑"按钮 就可以直接创建快速蒙版。在快速蒙版状态下，被选择的区域显示原图像，不被选择的区域显示默认的半透明红色。当操作结束后，单击"以标准模式编辑"按钮 ，恢复到系统默认的编辑模式，直接生成选区，如图 8-38 所示。

图 8-38　使用快速蒙版创建的选区

8.4　创建文本

使用 Photoshop 处理图像时，合理地使用文字能很好地传达图像的信息，同时也能适当地修饰图像，起到美化版面的作用。除此之外，在进行广告图、名片等设计时，也离不开文字的使用。

在 Photoshop 中创建文本需要使用文字工具组中的 4 种工具，用户在工具属性栏文字工具组按钮 上单击鼠标右键，从弹出的快捷菜单中选择相应的文字工具，即可输入符合要求的文本。

8.4.1　创建点文本

选择"横排文字工具" 或"直排文字工具" 后，在图像中需要输入文本的地方单击鼠标即可定位文本的插入点，随即输入的文本即为点文本。点文本是一个水平或垂直的文本行，从插入点开始，长度随着文本的编辑增加或缩短，但不会换行，一般适用于图像中少量文本的输入，如图 8-39 所示。

操作点拨：

若要放弃文本的输入，可在工具属性栏中单击"取消当前编辑"按钮 ，或按〈Esc〉键，退出文本的编辑状态。若要结束文本的输入，可在工具属性栏中单击"提交所有当前编辑"按钮☑,或按〈Ctrl+Enter〉组合键。

图 8-39 输入点文本

使用文字工具输入的文本,系统会自动产生新的文字图层。若在用户已经创建的新图层中使用文字工具,系统则会将普通图层修改为文字图层。

8.4.2 创建段落文本

创建段落文本是指在一个定界框中创建文本,通常适用于编辑内容较多的信息。输入段落文本时,同样选择"横排文字工具"或"直排文字工具"并在图像中拖动可生成一个矩形范围,即文本定界框。在文本定界框中输入的段落文本被限制在该范围内,随着文本的编辑会自动换行,生成段落文本,如图 8-40 所示。

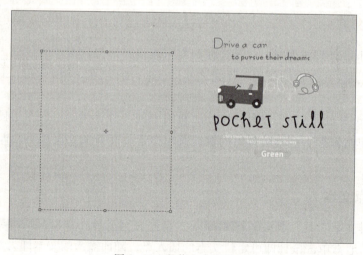

图 8-40 段落文本定界框

输入段落文本时,若绘制的定界框不能显示全部内容,可以编辑定界框的控制点来调整大小、角度等,如图 8-41 所示。

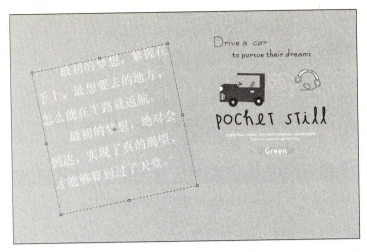

图 8-41 编辑段落文本定界框

8.4.3 创建文本选区

Photoshop 提供了文字蒙版工具,可以帮助用户创建文字形状的选区,创建方法如下:选择"横排文字蒙版"或"直排文字蒙版",在图像中通过单击鼠标定位插入点后直接输入文本,然后在工具属性栏中单击✓按钮,或按〈Ctrl+Enter〉组合键结束文本选区的创建,如图 8-42 所示。创建好的文字选区和普通选区一样,可以进行移动、复制、填充、描边等操作。图 8-43 所示为使用渐变工具对文本选区"Coffee Time"进行填充。

图 8-42 创建文本选区

图 8-43 使用渐变工具填充文本选区

8.5 设置文本

输入文本后,可以通过文本工具的属性栏对选中的文本进行格式修改及变形等操作,还可以通过"字符"面板和"段落"面板对文本进行字符和段落上的属性设置,下面进行详细介绍。

8.5.1 设置文本格式

1. 工具属性栏

选择相应的文字工具并单击文本后,将显示相应的工具属性栏。文字工具组中各种工具的属性栏基本类似,操作方法也基本类似,图8-44所示为"横排文字工具"的属性栏。其上各参数功能如下。

图 8-44 "横排文字工具"属性栏

- ➢ "切换文本取向"按钮：单击该按钮,可以在横排文字和直排文字间进行切换。
- ➢ "设置字体系列"下拉列表框：单击下拉列表框右侧的下拉按钮,在弹出的下拉列表中选择所需要的字体即可设置文本的字体格式。
- ➢ "设置字体大小"组合框：单击组合框右侧的下拉按钮,可以从弹出的下拉列表中选择字体的字号,也可以直接在组合框中输入字号数值,然后按〈Enter〉键。
- ➢ "设置消除锯齿的方法"按钮：该按钮中包含"无""锐利""犀利""浑厚"和"平滑"5个选项,用于设置文字锯齿的功能。
- ➢ "对齐"按钮：用于设置文本段落的对齐方式。横排文本段落中的对齐方式为左对齐、居中对齐和右对齐,直排文本段落中的对齐方式为顶对齐、垂直居中对齐和底对齐。
- ➢ "设置文本颜色"按钮：用于设置文本的颜色,单击该按钮,从打开的"拾色器"对话框中选取相应的文本颜色即可,也可以将鼠标指针指向图像中的某个色块进行颜色的吸取。
- ➢ "创建文字变形"按钮：选择文本,单击该按钮,在打开的"变形文字"对话框中可以设置文字变形。
- ➢ "切换字符和段落面板"按钮：单击该按钮可以显示或隐藏"字符"面板和"段落"面板,对文本进行更进一步的设置。

2. "字符"面板

通过文本工具的属性栏可以对文本进行字体、字形和字号等格式的设置。若要进行更详细的设置,可以执行"窗口"→"字符"命令,打开"字符"面板,从中进行设置,如图8-45所示。其上各参数功能如下。

- ➢ 按钮组：分别用于对文本进行加粗、倾斜、全部大写等操作。
- ➢ 下拉列表：用于设置段落文本的行间距,单击下拉按钮,在打开的下拉列表中可以选择行间距的大小。
- ➢ 数值框：设置两个字符间的距离。
- ➢ 、数值框：设置文本的垂直、水平缩放效果。

3. "段落"面板

对于段落文本的设置,除了在文本工具属性栏设置基本属性外,还可以通过"段落"面板进行更详细的设置。执行"窗口"→"段落"命令,打开"段落"面板,如图8-46所示。

图 8-45 "字符"面板　　　　图 8-46 "段落"面板

其上各参数功能如下。

- ▶ ■■■■■ 按钮组：用于设置段落的左对齐、居中对齐、右对齐、最后一行左对齐、最后一行居中对齐、最后一行右对齐、全部对齐。
- ▶ ■ "左缩进"文本框：用于设置所选段落文本左边缩进的距离。
- ▶ ■ "右缩进"文本框：用于设置所选段落文本右边缩进的距离。
- ▶ ■ "首行缩进"文本框：用于设置所选段落文本首行缩进的距离。
- ▶ ■ "段前添加空格"文本框：用于设置插入光标所在段落与前一段落间的距离。
- ▶ ■ "段后添加空格"文本框：用于设置插入光标所在段落与后一段落间的距离。

8.5.2　设置文本变形

有时为了适应图像的整体风格，需要对文本进行变形的处理。当对文本进行变形时，选择文字工具后，单击工具属性栏上的"变形文字"按钮 ，打开"变形文字"对话框，如图 8-47 所示。通过该对话框可以将选择的文字变成各种形状，从而改变文字的表达效果。

"样式"下拉列表框用来设置文字的样式，选好一种文字样式后，即可激活对话框中的其他选项，如图 8-48 所示。其上各参数功能如下。

图 8-47 "变形文字"对话框　　　　图 8-48 激活其他选项

- ▶ "水平"或"垂直"单选按钮：用于设置文本是沿水平方向还是沿垂直方向进行变形。
- ▶ "弯曲"数值框：用于设置文本的弯曲程度，设置弯曲的数值范围在-50~50 之间。
- ▶ "水平扭曲"数值框：用于设置文本在水平方向上的扭曲程度。设置水平扭曲的数值范围在-50~50 之间。
- ▶ "垂直扭曲"数值框：用于设置文本在垂直方向上的扭曲程度。设置垂直扭曲的数值范围在-30~30之间。

8.6 切片工具

在网页中，经常会显示一些较大的图像，比如页面上的背景图像，如果直接将Photoshop制作出来的效果图插入网页中，就会影响浏览器的加载时间。当用户网速较慢时，甚至导致网页无法预览。因此，Photoshop提供的切片工具可以把图像分割成若干个小图像，这些小图像将被作为单独的文件保存，还可以优化保存为Web所用的格式。这样在浏览器加载图像时，就允许一个一个地加载图像的切片，直到整个图像出现在屏幕上，从而有效地加快网页的处理速度。

8.6.1 创建和编辑切片

1. 创建切片

在 Photoshop 中制作完成的网页效果图，用户可以使用"切片工具"来创建切片，把一张图片划分为不同的区域。在 Photoshop 中可以自动划分切片，也可以手动划分切片。下面先介绍通过参考线来自动创建切片的方法。

1）打开要分割的图片，显示标尺，按住鼠标左键分别从水平标尺和垂直标尺处向图像中拖出多条参考线，如图 8-49 所示。

图 8-49 图像参考线

2）选择工具箱中的"切片工具" ，单击工具属性栏中的"基于参考线的切片"按钮 ，则自动对参考线分割出来的图像进行切片处理，如图 8-50 所示。

在 Photoshop 中，除了使用参考线自动创建切片外，人们在处理图像时，经常会根据实际情况需要创建一些不规则的切片，这时就需要手动创建切片。下面介绍手动创建切片的具体操作方法。

1）打开图像，在工具箱中选择"切片工具" ，然后在图像上单击并按住鼠标左键拖动，绘制长方形的切片选区，切片选区的左上角名称默认为"01"，如图 8-51 所示。

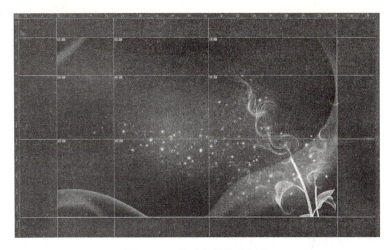

图 8-50　基于参考线的切片

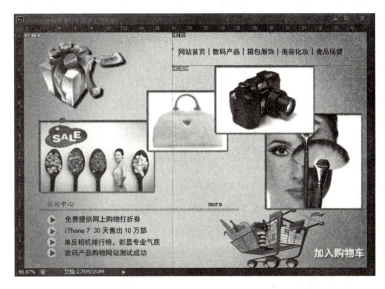

图 8-51　绘制切片选区

2）使用相同方法，在图像窗口的其他位置绘制不同的切片选区，整个图像被划分为 7 个切片，如图 8-52 所示。

用户在创建切片时，绘制的切片区域显示为蓝色。同时，系统会根据用户创建的切片，自动生成一些切片，这些切片成为自动切片，显示为灰色。

2. 编辑切片

对图像创建好切片后，可以在 Photoshop 中对切片进行放大、缩小、移动或删除操作，通过工具箱中的"切片选择工具" 来选定切片，然后编辑相关切片选区。对切片选区的编辑有如下 3 种方式。

> 放大、缩小切片选区：可以拖动该切片选区边框或 4 个角的控制点进行。
> 移动切片选区：可以拖动鼠标或按键盘上的方向键。
> 删除切片选区：可以使用键盘上的〈Delete〉键或〈Backspace〉键。

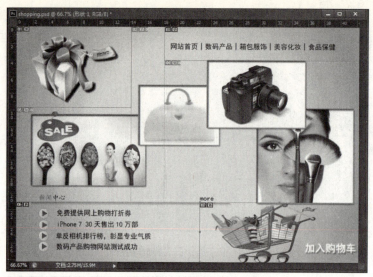

图 8-52 整个图像切片

8.6.2 图像的优化与切片的输出

为了不让网页中过大的图像影响网页的速度,可以在存储网页图像之前对图像先进行优化处理,再进行切片发布,这样既能调整图像的显示品质和文件大小,还可以输出为各种格式的文件。

1. 图像的优化

图像优化是微调图像显示品质和大小的过程,以便 Web 和其他媒体访问,一般将图像优化为 GIF、JPEG、PNG 这 3 种格式。除此之外,Photoshop 在存储网页图像前对切片进行优化,可以将用户设置好切片的图像发布为网页文件的格式,这些都需要在"存储为 Web 所用格式"对话框中进行设置,如图 8-53 所示。

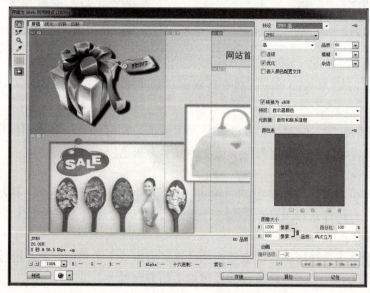

图 8-53 "存储为 Web 所用格式"对话框

执行"文件"→"存储为 Web 所用格式"命令，打开"存储为 Web 所用格式"对话框。人们可以使用"抓手工具" 在预览窗口中拖动鼠标来移动图像，查看图像的所有区域；也可以使用"切片选择工具"按钮 在预览窗口中选择不同的切片，对该切片进行单独设置；在"原稿"选项卡的"预设"下拉列表中可选择相应的切片输出格式，其余选项保持默认设置，如图 8-54 所示。

图 8-54　设置切片格式

在"优化"选项卡的左下角可以看到对图像处理后的效果，还有文件格式、大小及在网页中的下载速度等参数。

2. 切片的输出

当用户将"存储为 Web 所用格式"对话框中的属性设置完成后，单击"存储"按钮，打开"将优化结果存储为"对话框，如图 8-55 所示。

图 8-55　"将优化结果存储为"对话框

在"保存在"下拉列表中选择文件的存储位置，在"格式"下拉列表中选择文件的保存类型，在"文件名"组合框中输入文件名，在"切片"下拉列表中选择要保存的切片对象，最后单击"保存"按钮，就可以将划分好的切片区域输出为很多小图像，如图 8-56 所示。

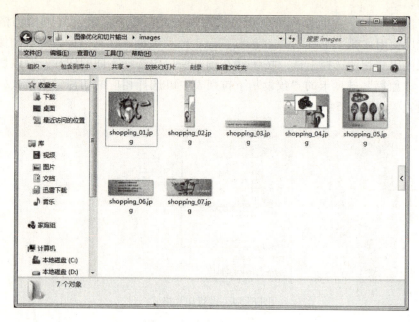

图 8-56 切片的输出效果

8.7 课堂案例——制作购物网站首页效果图

8.7.1 练习目标

本课堂案例的主要目标是熟练掌握图层、文字等工具的用法,制作逼真、炫目的网页效果图,效果参考如图 8-57 所示。

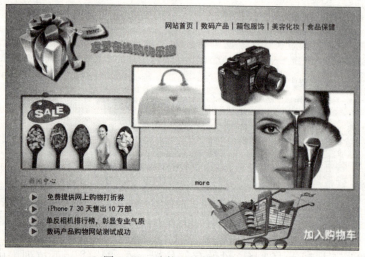

图 8-57 购物网站首页效果图

素材所在位置:……\素材\课堂案例\案例素材\No8\shoppingmall\。
效果所在位置:……\素材\课堂案例\案例效果\No8\shoppingmall\。

8.7.2 操作步骤

1）启动 Photoshop CS6，新建文档，"名称"为"shoppingmall"，"大小"为"1 024 像素×1 000 像素"，"分辨率"为"72 像素/英寸"，"颜色模式"为"RGB 颜色"，"背景内容"为"白色"，如图 8-58 所示。

2）执行"图层"→"新建填充图层"→"渐变"命令，打开"渐变填充"对话框，设置浅绿色到深绿色的径向渐变图层，如图 8-59 所示。

图 8-58　新建文档

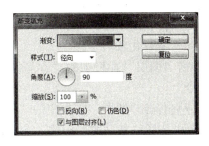

图 8-59　"渐变填充"对话框

3）打开素材中的图像文件"logo.jpg"，使用工具箱中的"魔棒工具"按钮，设置"容差值"为"25"，选择图像中的白色区域，如图 8-60 所示。

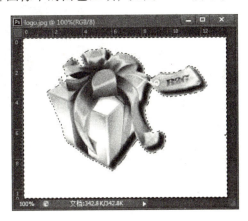

图 8-60　选择白色区域

4）执行"选择"→"反向"命令，将图像中的对象作为选区，使用"移动工具"按钮将选区移动到文档"shoppingmall"中的左上角。

5）选择工具箱中的"横排文字工具"按钮，设置字体为"华文琥珀"，大小为"36 点"，颜色为"#16acdf"，输入文字"享受在线购物乐趣"。设置文字变形的样式为"旗帜"，给该文字图层设置"投影"和"外发光"的图层样式，效果如图 8-61 所示。

图 8-61　文本效果

6）继续使用工具箱中的"横排文字工具"按钮 T，设置字体为"黑体"，大小为"24点"，颜色为"黑色"，在文档右上方输入网站导航文字"网站首页｜数码产品｜箱包服饰｜美容化妆｜食品保健"。

7）打开素材中的图像文件"食品.jpg"，使用"移动工具"将其移动到"shoppingmall"文档中，使用〈Ctrl+T〉组合键对图像进行自由变换，适当调整图像大小，并置于文档左侧，将该图层重命名为"食品保健"，并设置"描边""内阴影""投影"的图层样式。

8）依次打开素材中的图像文件"箱包.jpg""数码.jpg""美容.jpg"，使用"移动工具"将其移动到"shoppingmall"文档中，使用〈Ctrl+T〉组合键对各图像进行自由变换，适当调整图像大小，并置于文档中的不同位置，将相应图层依次重命名为"箱包服饰""数码产品"和"美容化妆"。

9）右击"图层"面板中的"食品保健"图层，在弹出的快捷菜单中选择"拷贝图层样式"命令。

10）分别右击"图层"面板中的"箱包服饰""数码产品""美容化妆"图层，在弹出的快捷菜单中选择"粘贴图层样式"命令，效果如图 8-62 所示。

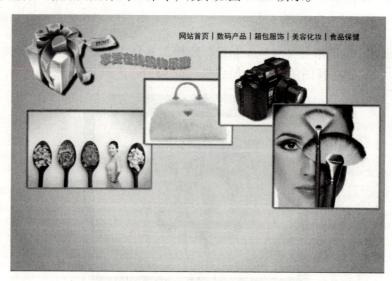

图 8-62 设置图层样式

11）打开素材中的图像文件"sale.jpg"，使用"魔棒工具"和"矩形选框工具"选择红色的降价图标，如图 8-63 所示。

12）使用"移动工具"将降价图标移动到"shoppingmall"文档中，使用〈Ctrl+T〉组合键对图像进行自由变换，适当调整图像大小，并置于文档中"食品保健"图层的左上方。

13）使用"横排文字工具"按钮 T，设置字体为"楷体"，大小为"24点"，颜色为"黑色"，在文档左下方输入网站文本"新闻中心"。选择文本"新闻"，重新设置颜色为"#d92d26"，设置该文本图层的样式为"投影"。

14）继续使用"横排文字工具"按钮 T，设置字体为"楷体"，大小为"24点"，颜色为"黑色"，在"新闻中心"右侧输入文本"more"。

图 8-63 选择选区

15）选择"直线工具"按钮，按住键盘上的〈Shift〉键，在文字下方绘制一条直线，并给该形状图层设置"投影"的图层样式。

16）使用"横排文字工具"按钮，设置字体为"黑体"，大小为"24点"，颜色为"黑色"，在文档左下方输入网站文字"免费提供网上购物打折券"。

17）使用同样的方式输入文本"iPhone 7 30天售出10万部""单反相机排行榜，彰显专业气质""数码产品购物网站测试成功"，如图 8-64 所示。

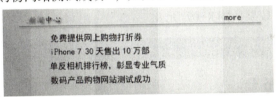

图 8-64 输入新闻内容

18）打开素材中的图像文件"项目符号.png"，使用"移动工具"将其移动到"shoppingmall"文档中，使用〈Ctrl+T〉组合键对图像进行自由变换，适当调整图像大小，并置于新闻内容的左侧。

19）按住键盘上的〈Alt〉键，使用"移动工具"依次拖动项目符号，可复制出3个新的项目符号，放在每行新闻内容的左侧，如图 8-65 所示。

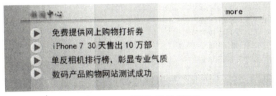

图 8-65 设置项目符号

20）打开素材中的图像文件"购物车.jpg",使用工具箱中的"魔棒工具"按钮,设置容差值为32,取消"连续"属性。选择图像中的白色区域,执行"选择"→"反向"命令,将图像中的对象作为选区,使用"移动工具"按钮将选区移动到文档"shoppingmall"右下角,使用〈Ctrl+T〉组合键对图像进行自由变换,适当调整图像大小,如图8-66所示。

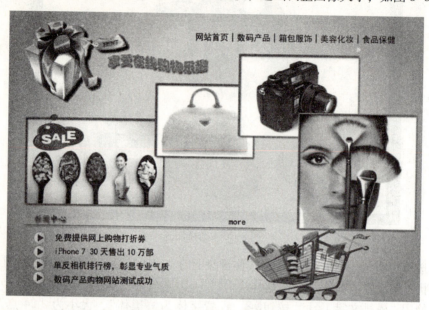

图8-66 添加购物车对象并调整

21）使用"横排文字工具"按钮,设置字体为"黑体",大小为"36点",颜色为"白色",在购物车右侧输入文本"加入购物车",设置该文本图层的样式为"外发光""投影"。

22）设置好的网页效果如图8-67所示。

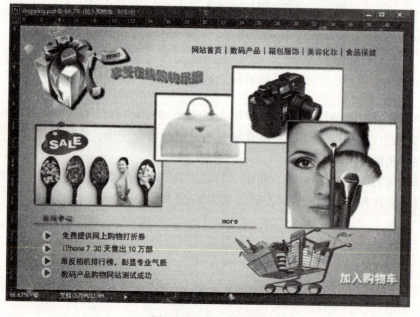

图8-67 首页效果图

23）使用工具箱中的"切片工具"按钮，在图像中拖动鼠标可绘制出矩形切片，如图 8-68 所示。

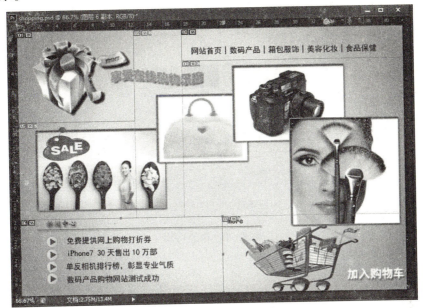

图 8-68　创建切片

24）执行"文件"→"存储为 Web 所用格式"命令，打开"存储为 Web 所用格式"对话框。在"原稿"选项卡中，在"预设"下拉列表中选择"JPEG 高"选项，如图 8-69 所示。

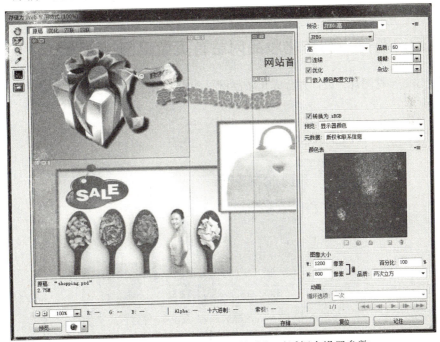

图 8-69　在"存储为 Web 所用格式"对话框中设置参数

25）单击"存储"按钮，打开"将优化结果存储为"对话框，设置保存路径和文件名称，将所有切片保存在文件夹中，如图 8-70 所示。

211

图 8-70 输出切片

8.8 本章小结

本章学习的主要内容是使用 Photoshop 制作网页效果图，主要用到了 Photoshop 中的图层、文字与路径、切片等工具。要求了解图层的基本概念，熟练掌握图层基本操作、图层填充的方法、图层样式和图层混合模式的使用，能够熟练应用 Photoshop 中的图层等工具制作出丰富多彩的网页效果图。

8.9 课后习题——制作化妆品网站首页效果图

根据提供的素材图片，设计并合成化妆品网站的首页效果图，完成后的参考效果如图 8-71 所示。

图 8-71 化妆品网站首页效果图

素材所在位置：……\素材\课后习题\习题素材\No8\beauty。
效果所在位置：……\素材\课后习题\习题效果\No8\beauty。

第 9 章 使用 Flash CS6 制作网页动态素材

学习要点：

- 初识 Flash CS6
- Flash CS6 动画制作基础
- 动画中的图层、帧与原件
- 补间动画
- 高级动画的制作

学习目标：

- 熟悉 Flash CS6 动画制作原理
- 理解动画中的图层、帧与原件的作用
- 掌握高级动画的制作方法

导读：

目前，世界上几乎所有的网站都使用 Flash 动画来装扮自己的站点，Flash 作为当今最为流行的动画制作工具，以其绚丽的效果、丰富的功能和强大的交互能力赢得了人们的普遍喜爱。几乎所有的浏览器都安装了能够播放 Flash 动画的插件，Flash 动画在网络、影视、教育、培训、宣传等各个领域，都发挥着不可估量的作用。

9.1 初识 Flash CS6

在计算机中安装好 Flash CS6 后，即可使用它制作游戏、动画、MTV。

9.1.1 中文 Flash CS6 工作界面

正确安装 Flash CS6 后，可新建 Flash 文档，具体步骤如下：

1）单击"开始"按钮，在弹出的菜单中选择"所有程序"→"Adobe Flash Professional CS6"命令。或者如果桌面上有 Flash CS6 的快捷启动图标，可以直接双击该图标启动 Flash CS6。

2）启动 Flash CS6 后，首先显示起始页，也叫启动界面（如图 9-1 所示）。在该界面中可以选择创建模板，也可以选择学习 Flash CS6 的相关功能和作用。只有在创建好 Flash 动画文档后，才能进入其工作界面。

3）单击"新建"列中的"ActionScript 3.0"或"ActionScript 2.0"，即可新建 Flash 文档，并进入 Flash CS6 工作界面（ActionScript 是 Flash 自带的编程语言，它后面的数字是版本号，本书若无特别说明都是选择 ActionScript 3.0）。

图 9-1　Flash CS6 起始页

Flash CS6 工作界面由菜单栏、工具箱、"时间轴"面板、"属性"面板、"库"面板、舞台、工作区和场景等组成，如图 9-2 所示。下面简单介绍各组成元素的作用。

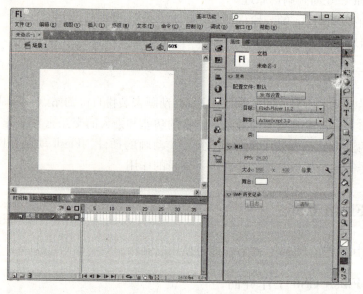

图 9-2　Flash CS6 工作界面

1. 菜单栏

Flash CS6 的菜单栏包括文件、编辑、视图、插入、修改、文本、命令、控制、窗口和帮助菜单。单击某个菜单即可弹出相应的菜单命令，若菜单命令后面有▶图标，表明其下还有子菜单。在制作 Flash 动画时，通过执行相应菜单中的命令，可实现特定的效果。

2. 工具箱

工具箱又称为工具面板，主要用于放置绘图工具及编辑工具，位于工作界面的最右侧。在默认情况下，工具箱呈单列显示。执行"窗口"→"工具"命令或按〈Ctrl+F2〉组合键也可打开或关闭工具箱。

3. "时间轴"面板

"时间轴"面板主要用于控制动画的播放顺序。其左侧为图层区，该区域用于控制和管理动画中的图层。右侧为帧控制区，由播放指针、帧、时间轴标尺及时间轴视图等部分组成，如图 9-3 所示。

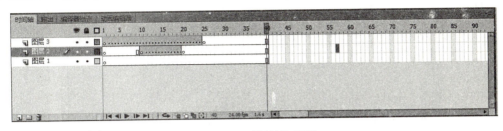

图 9-3 "时间轴"面板

操作点拨：
执行"窗口"→"时间轴"命令或按〈Ctrl+Alt+T〉组合键即可打开或关闭"时间轴"面板。

4. "属性"面板和"库"面板

"属性"面板中显示了选中内容的可编辑信息，调节其中的参数，可更改参数对应的属性。图 9-4 所示为绘制星形对象的属性参数。"库"面板中显示了当前打开文件中存储和组织的媒体元素和元件，如图 9-5 所示。

 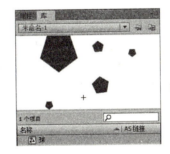

图 9-4 "属性"面板　　　　　图 9-5 "库"面板

5. 舞台、工作区和场景

场景是编辑动画的主要工作区。在 Flash 中绘制图形和创建动画都在该区域中进行。场景由两部分组成，分别是白色的舞台区域和灰色的场景工作区。动画在播放时仅显示舞台上的内容，对于舞台之外的内容是不显示的。舞台和工作区共同组成一个场景。在 Flash 动画中，可以更换不同的场景，且每个场景都有不同的名称，用户可以在整个场景内进行图形的绘制和编辑工作。

9.1.2　Flash CS6 的基本操作

1. 新建 Flash 文档

新建空白 Flash 动画文件的方法主要有以下两种。

➢ 启动 Flash CS6 时，在启动界面的"新建"设置区单击要创建的文档类型，通常单击"ActionScript 3.0"选项。

➢ 进入 Flash CS6 工作界面后，执行"文件"→"新建"命令，或者通过按〈Ctrl+N〉组合键，在打开的对话框中选择要新建的文档类型（图 9-6），并单击"确定"按钮即可完成"新建文档"的操作。

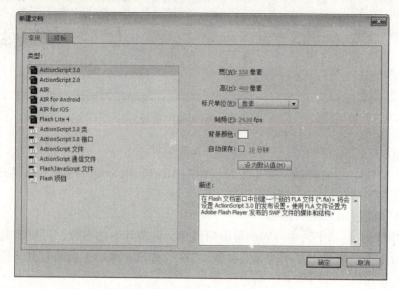

图 9-6　新建空白 Flash 文档

2. 保存 Flash 文档

在编辑和制作完动画以后，需要将其保存。为此，可执行"文件"→"保存"命令或按〈Ctrl+S〉组合键，在弹出的"另存为"对话框中选择文件保存的路径，输入文件名称，选择保存类型，然后单击"保存"按钮保存文档。

3. 打开 Flash 文档

要打开以前保存的文档进行再次编辑，可使用以下几种方法。

➢ 启动 Flash 时，在开始页左侧的"打开最近的项目"列选择最近编辑过的文档。

➢ 在工作界面中执行"文件"→"打开"命令，或按〈Ctrl+O〉组合键，在"打开"对话框中选择文档，然后单击"打开"按钮。

➢ 直接在保存文档的文件夹中双击要打开的 Flash 文档。

4. 预览动画

在制作动画的过程中，按下〈Enter〉键，可以测试动画在时间轴上的播放效果；反复按〈Enter〉键可以在暂停测试和继续测试之间切换。

若希望测试动画的实际播放效果，可执行"控制"→"测试影片"命令，或按〈Ctrl+Enter〉组合键，在 Flash Player 中预览动画。

5. 导出影片

动画制作完成之后，如果需要将文件导出，保存成一个 *.swf 文件，可以执行"文件"→"导出"→"导出影片"命令，如图 9-7 所示。

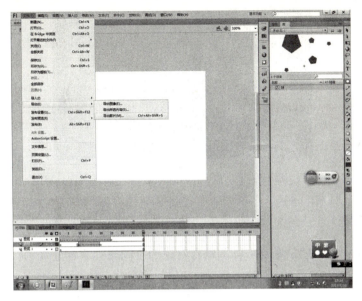

图 9-7　导出 Flash 影片

9.2　Flash CS6 动画制作基础

9.2.1　动画制作原理

传统动画和影视都是通过连续播放一组静态画面实现的,每一幅静态画面都是一个帧,Flash 动画也是如此。在时间轴的不同帧上放置不同的对象或设置同一对象的不同属性,例如位置、形状、大小、颜色、透明度等,当播放头在这些帧之间移动时,便形成了动画。

动画中的帧,是一个动画中最小的单位。Flash CS6 默认的播放频率为 24 帧/秒。

9.2.2　Flash 动画的种类

Flash 中的动画制作方式基本分为两种,一种是逐帧动画,另一种是补间动画。使用逐帧动画可以制作一些真实的、专业的动画效果。使用补间动画则可以轻松创建平滑过渡的动画效果。

1. 逐帧动画

逐帧动画是动画中最基本的类型,制作原理是,制作每一个关键帧中的内容,然后连续播放以形成动画。逐帧动画的动作细腻,但制作过程烦琐,容量较大,适合表现一些细腻的动画,例如 3D 效果、面部表情、走路和转身等。图 9-8 所示为利用逐帧绘制方法制作出的人物走路的画面分解图。

2. 补间动画

补间动画是把两个关键帧上的画面制作好,由 Flash 自动生成各中间帧上的画面,使得画面从一个关键帧逐渐过渡到另一个关键帧。逐帧动画制作简单,容量小,缺点是无法制作细腻的动画效果。

217

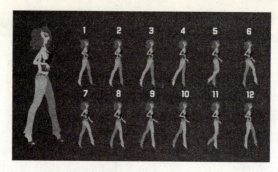

图 9-8　利用逐帧绘制方法制作出的人物走路的画面分解图

9.2.3　编辑对象

使用 Flash 制作动画就是在每一帧上编辑对象的不同属性来创建动画。编辑对象的操作分为如下两大类。

1. 选取对象

（1）使用"选择工具"按钮

单击工具箱内的"选择工具"按钮，就可以选择对象，方法如下。

➢ 选取一个对象：单击一个对象。图 9-9 左所示为选取红心的填充部分。

➢ 选取多个对象：双击或者在按住〈Shift〉键的同时使用鼠标单击各个对象，可选择多个对象。图 9-9 中所示为选取红心的填充和线条部分。

➢ 选取部分对象：用鼠标拖曳出一个矩形，可以将矩形中的所有对象都选中。图 9-9 右所示为选取部分红心。

图 9-9　选取对象

（2）使用"套索工具"按钮

单击工具箱内的"套索工具"按钮，其属性栏内会显示出 3 个按钮，作用如下。

➢ "多边形模式"：单击该按钮后，可以形成封闭的多边形区域，用来选择对象。此时，封闭的多边形区域的产生方法为用鼠标在多边形的各个顶点处单击一下，在最后一个顶点处双击，即可画出一个多边形直线细框，它包围的图形都会被选中。

➢ "魔术棒"：单击该按钮后，将鼠标指针移到对象的某种颜色处，当鼠标指针呈魔术棒形状时，单击鼠标左键，即可将该颜色和与该颜色相接近的颜色图形选中。如果再单击"选择工具"按钮，用鼠标拖曳选中的图形，即可将它们拖曳出来。将鼠标指针移到其他地方，当鼠标指针不呈魔术棒形状时，单击鼠标左键，即可取消选取。

➢ "魔术棒属性"：单击该按钮后，会弹出一个"魔术棒设置"对话框，利用它可以设置"魔术棒工具"的属性。"魔术棒工具"的属性主要用来设置邻近色的相似程度。

2. 移动、复制、删除和调整对象

(1) 移动对象

移动对象的操作如下。

➢ 使用工具箱中"选择工具" 选中一个或多个对象,拖曳鼠标即可移动对象。

➢ 如果按住〈Shift〉键,同时用鼠标拖曳选中的对象,可以将选中的对象按 45°的整数倍角度(如 45°、90°、180°、270°)移动对象。

➢ 用键盘上的方向键,可以微调选中的对象的位置。每按一次,可以移动一个像素。按住〈Shift〉键的同时,再按光标移动键,可以一次移动 8 个像素。

(2) 复制对象

复制对象可采用以下方法之一。

➢ 按住〈Ctrl〉键或〈Alt〉键,同时用鼠标拖曳选中的对象,可以复制选中的对象。

➢ 执行"窗口"→"变形"命令,调出"变形"面板,如图 9-10 所示。选中要复制的对象,再单击"变形"面板右下角的"重置选取和变形"按钮 ,即可在选中对象处复制一个新对象。单击"选择工具"按钮 ,通过拖曳移出复制对象即可。

➢ 利用剪贴板的剪切、复制和粘贴功能,也可以移动和复制对象。

图 9-10 "变形"面板

(3) 删除对象

删除对象可采用以下方法之一。

➢ 选中要删除的对象,然后按〈Delete〉键,即可删除选中的对象。

➢ 选中要删除的对象,执行"编辑"→"清除"命令,也可以删除选中的对象。

(4) 调整对象

使用"任意变形工具"调整对象的位置与大小的操作如下。

➢ 单击工具箱中的"任意变形工具"按钮 ,单击对象,对象周围会出现一个黑色矩形框和 8 个黑色控制柄。此时,用鼠标拖曳对象,也可以移动对象。

➢ 单击工具箱中的"任意变形工具"按钮 ,再单击工具箱中属性栏内的"缩放"按钮 ,用鼠标拖曳黑色的小正方形控制柄,可以调整图像的大小。

3. 使用"选择工具"改变对象的形状

➢ 改变形状的线条边缘时,将鼠标指针指向边缘处,鼠标呈现为 形状时拖曳鼠标即可。

➢ 改变端点或折点处时,将鼠标指针指向顶点处,鼠标呈现为 形状时拖曳鼠标即可。

9.2.4 演示动画制作

下面通过两个实例来学习逐帧动画和补间动画的制作。

1. 逐帧动画

制作闪烁的星星动画效果,其步骤如下:

1)打开本书配套素材"素材/第9章/五角星.fla"。

2)在"时间轴"面板中选中第3帧(图9-11),按〈F6〉键插入一个关键帧,此时第1帧上的五角星图形会自动延伸到新建的第3个关键帧上,且第3帧自动生成当前帧。

3)选中工具箱中的"任意变形工具"按钮,单击第3帧上的五角星图形,然后按住〈Shift〉键,将鼠标指针移至五角星图形左下角的变形控制柄上,按住鼠标左键并稍微向左下方拖动,可适当放大五角星,如图9-11右图所示。

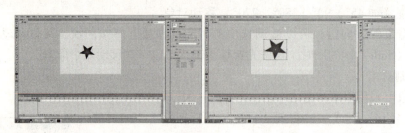

图9-11 制作逐帧动画——闪烁的星星

4)按〈Ctrl+Enter〉组合键,测试动画效果,满意后保存。

可以看出,制作动画的过程,便是在不同的帧上绘制或设置动画组成元素的过程。但是,如果每一帧上的对象都需要用户去绘制和设置,这样制作一个动画便需要很多时间,为此,Flash提供了多种功能以辅助动画制作。例如,利用元件可使一个对象多次重复使用,利用补间功能可自动生成各帧上的对象,利用遮罩、路径引导功能可以制作出特殊动画等。这些都将在后面陆续讲到。

2. 补间动画

制作滚动的小球动画效果,其步骤如下:

1)启动Flash CS6,在开始页的"新建"列单击"ActionScript 3.0"选项,创建一个Flash文档,进入Flash CS6工作界面。

2)新建Flash文档后,要做的第一件事就是设置文档属性。可执行"修改"→"文档"命令,或直接按〈Ctrl+J〉组合键,打开"文档设置"对话框,如图9-12所示。从中进行适当设置,单击"确定"按钮。

3)在工具箱中选择"椭圆工具",并设置其绘制选项,如图9-13所示。

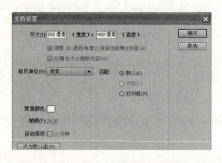

图9-12 "文档设置"对话框

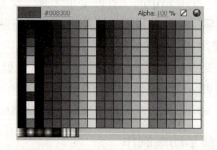

图9-13 设置椭圆工具的填充颜色为绿色

4)将鼠标指针移动到舞台上,此时光标变为"十"字形状。按住鼠标左键拖动鼠标,在舞台绘制出一个圆形。

5)选择工具箱左上角的"选择工具"按钮,在圆形上双击鼠标,选中小球,然后将其拖动到舞台左上角的位置,如图 9-14 所示。

6)在第 60 帧处,按〈F6〉键插入关键帧。

7)使用"选择工具"将第 60 帧上的球移到舞台右下角,如图 9-15 所示。

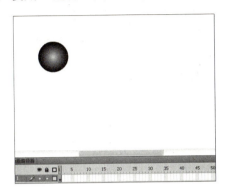 

图 9-14 将小球拖到舞台左上角　　　　图 9-15 将小球拖动到舞台右下角

8)在 1~60 帧之间的任一位置右击,创建传统补间,如图 9-16 所示。

图 9-16 创建传统补间动画——滚动的小球

9)按〈Ctrl+Enter〉组合键,测试动画效果,满意后保存。

可以看出,与前面介绍的逐帧动画不同,使用传统补间创建动画时,只要将两个关键帧中的对象制作出来即可。两个关键帧之间的过渡帧由 Flash 自动创建,并且只有关键帧是可以进行编辑的。各过渡帧虽然可以查看,但是不能直接进行编辑。

9.3 动画中的图层

在 Flash 的动画影片中,每个动画对象的出现时间、结束时间及动画轨迹都是不同的,因此在制作动画时,经常将不同的动画对象放置在不同的图层中来设置,使操作简便并清晰。本节主要介绍 Flash 中的图层。

9.3.1 图层的概念

Flash 中的图层和 Photoshop 中的图层一样，都像是一张透明的纸。在每个图层上放置单独的动画对象，再将这些对象重叠，即可得到整个场景。但是 Flash 中的图层和 Photoshop 中的图层也有不同的地方，人们可以称 Photoshop 中的图层为静态实例层，每一层的对象都是静止的；可以称 Flash 中的图层为动态实例层，每一层的对象都是可以设置动画的，每个图层都有一个独立的时间轴，在编辑和修改某一图层的内容时，其他图层不会受到影响。

Flash CS6 的图层位于时间轴面板的左侧，其结构如图 9-17 所示。

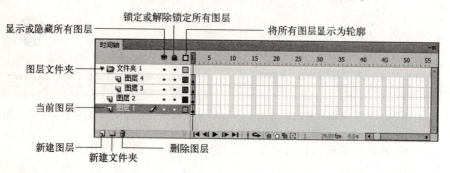

图 9-17 时间轴面板左侧的图层结构

9.3.2 图层的类型

Flash 动画中的图层按照用途和功能不同，可以分为普通层、引导层、遮罩层和被遮罩层 4 种，如图 9-18 所示。

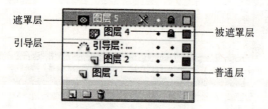

图 9-18 图层的分类

- 普通层：普通层用于放置 Flash 动画中的元素，如矢量图形、位图、元件、实例等，是 Flash 中最常见的图层。
- 引导层：引导层用于为对象绘制运动轨迹。在引导层与普通层建立连接关系后，使普通图层中的对象沿着引导层中的路径运动。动画播放时，引导层中的轨迹是不会显示出来的。
- 遮罩层：遮罩层是 Flash 中的一种特殊图层，一般在其中绘制任意形状或创建动画，实现遮罩效果后可以设定形状内的部分为透明，形状外的部分则被隐藏。
- 被遮罩层：将普通层设置为遮罩层后，该图层下方的图层自动变为被遮罩层，一般放置需要被遮罩层遮罩的图形或动画。

9.3.3 图层的基本操作

使用 Flash 制作动画时，会把对象分散到不同的图层中，然后对每个图层进行编辑，可以提高动画的制作效率。在制作过程中，往往会根据需要对图层进行新建、移动、重命名、删除和隐藏等操作。

1. 新建图层

在制作动画的过程中，会根据不同的对象新建不同的图层，Flash CS6 提供了以下几种新建图层的方法。

> 通过单击"时间轴"面板下方的"新建图层"按钮，如图 9-19 左图所示。
> 在已有图层上单击鼠标右键，在弹出的快捷菜单中选择"插入图层"命令，如图 9-19 右图所示。

图 9-19　新建图层

2. 重命名图层

在 Flash CS6 中，图层的名称将默认按照"图层 1""图层 2""图层 3"等的创建顺序依次命名。当动画中图层较多时，为了更方便地查找和编辑图层，可以将图层按照其内容进行重命名，以提高制作效率。

重命名图层的方法是：在"时间轴"面板的某个图层的名称处快速双击鼠标，进入名称编辑状态，输入新的图层名称，再按〈Enter〉键，即可完成重命名操作。

3. 删除图层

在制作过程中，如果某个图层的内容不需要出现在场景中，则可以直接将该图层删除。在 Flash CS6 中删除图层的方法有以下几种。

> 选择要删除的图层后，单击"时间轴"面板上的"删除图层"按钮，可删除图层。
> 选择要删除的图层，单击鼠标右键，在弹出的快捷菜单中选择"删除图层"命令即可。

4. 调整图层顺序

Flash 中的图层和 Photoshop 中的图层一样，图层的顺序可以决定画面中的效果，当某个处于底层的对象需要移动到舞台前段时，最快捷的方法就是调整该对象所在的图层顺序。调整图层顺序的方法是，选择要移动的图层，按住鼠标左键拖动到目标位置后释放鼠标，即可完成图层顺序的调整。

5. 隐藏图层

Flash 中的动画都是由多个图层叠加在一起实现的，为了便于编辑和观察某个图层中的对象效果，可以将其他图层暂时隐藏起来。隐藏图层的方法是，在图层面板中单击相应图层名称右侧与"显示或隐藏所有图层"按钮 ● 一列相对应的黑色圆点，使其变为形状 ✕ 即可。

6. 锁定图层

在编辑 Flash 动画的过程中，为了不影响其他图层，也可以锁定某个图层。图层被锁定后，可以有效地防止用户对图层中的对象进行误操作。锁定图层的方法是，单击相应图层名称右侧与"锁定或解除所有图层锁定"按钮 🔒 即可实现。

9.4 动画中的帧

帧是组成 Flash 动画最基本的单位，通过在每一帧的舞台上设置相应的动画元素，并对元素进行编辑，然后连续每一帧的画面，就形成了动画。在 Flash 中，每个图层都有自己的帧，"时间轴"面板中除了有用于显示帧的刻度及编号外，还有普通帧、关键帧和空白关键帧等，如图 9-20 所示。

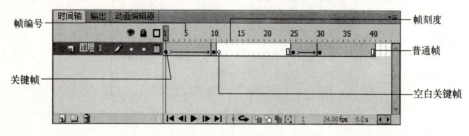

图 9-20 3 种类型的帧

9.4.1 帧的种类及创建

帧的刻度、编号及不同类型的帧都有各自的作用，下面分别进行介绍。

1）帧刻度：每一个刻度代表一个帧。

2）帧编号：用于提示当前是第几帧，每 5 帧显示一个编号。

3）普通帧：具有延长前面关键帧中内容的显示功能，是不起关键作用的帧，它在时间轴中以矩形小方块来表示，如图 9-20 所示。用户不能直接编辑普通帧上的内容，只能通过编辑其前面的关键帧，或在普通帧上创建关键帧来进行编辑。在"时间轴"面板上要插入普通帧的位置单击鼠标右键，在弹出的快捷菜单中选择"插入帧"命令，或按〈F5〉键即可插入一个普通帧。

4）关键帧：是指在动画播放过程中定义动画产生变化的关键环节的帧，它在时间轴中以实心圆点来表示，如图 9-20 所示。制作 Flash 动画时，在不同的关键帧上绘制或编辑对象，便能形成动画。要创建关键帧，可在"时间轴"面板上要插入关键帧的位置单击鼠标右键，在弹出的快捷菜单中选择"插入关键帧"命令，或按〈F6〉键即可添加关键帧。

5）空白关键帧：是指没有内容的关键帧，用于在舞台中暂时隐藏某个对象，它在时间轴中以空心圆表示，如图 9-20 所示。要创建空白关键帧，在"时间轴"面板上要插入空白关键帧的位置单击鼠标右键，在弹出的快捷菜单中选择"插入空白关键帧"命令，或按〈F7〉键即可。

9.4.2 帧的基本操作

在 Flash 中除了对舞台上的对象进行编辑之外，想要动画真正动起来，就需要不断地对帧进行操作。灵活地操作帧可以节省制作动画的时间。下面分别介绍帧的一些基本操作。

1. 选择帧

在编辑帧之前，必须先选择需要编辑的帧，在 Flash CS6 中选择帧的方法有以下几种。

- 选择单个帧：在时间轴的某个帧上单击鼠标左键即可选中该帧。选中帧后，播放头会跳转到该帧，该帧上的所有对象也会被选中。
- 选择多个连续的帧：选择作为起点的帧，按住〈Shift〉键的同时单击作为终点的帧，可选中两帧之间的所有帧（包括不同图层上的帧）。
- 选择多个不连续的帧：选择一帧后，按住〈Ctrl〉键，依次单击各帧，可同时选中多个不相连的帧。

2. 插入帧

在编辑动画的过程中，很多时候都需要在时间轴上插入新的帧。根据帧类型的不同，插入帧的方法也有所不同。下面介绍插入不同类型的帧的方法。

- 用菜单命令插入帧：将鼠标指针定位在时间轴上需要插入帧的地方，执行〈插入〉→"时间轴"命令，在弹出的子菜单中选择相应命令即可插入相应的帧。
- 用快捷菜单插入帧：将鼠标指针定位在时间轴上需要插入帧的地方，单击鼠标右键，在弹出的快捷菜单中选择需要插入帧的类型即可。
- 按快捷键插入帧：将鼠标指针定位在时间轴上需要插入帧的地方，按〈F5〉键可插入普通帧，按〈F6〉键可插入关键帧，按〈F7〉键可插入空白关键帧。

3. 移动和复制帧

在 Flash 中移动帧后，源帧上的对象都会被移动到目标帧上，且源帧所在位置会变为空白帧；复制帧后，源帧上的所有对象都会被复制到目标帧上，且源帧保持不变。下面是移动和复制帧的常见操作。

- 拖动：选中要移动的帧后（可同时选中多个帧），在所选帧上按住鼠标左键并拖动，到目标位置后松开鼠标即可将所选帧移动到目标位置；若在移动帧的同时按住〈Alt〉键，则移动操作变为复制操作。
- 快捷菜单：选中要移动或复制的帧后，右击所选帧，在弹出的快捷菜单中选择"剪切帧"（执行移动操作）或"复制帧"命令，然后右击目标帧，在弹出的快捷菜单中选择"粘贴项"命令，即可移动或复制选中的帧。

4. 删除帧

如发现 Flash 动画中的某些帧出错，可以将其删除。删除帧的方法是，选择需要删除的帧，单击鼠标右键，在弹出的快捷菜单中选择"删除帧"命令即可。

5. 清除帧

清除帧与删除帧不同。删除帧是删除帧本身，该帧中的内容一起被删除，而清除帧则只会删除该帧中的内容，清除帧后的关键帧将会变为空白关键帧。清除帧的方法是，选择要清除的帧，单击鼠标右键，在弹出的快捷菜单中选择"清除帧"命令即可。

9.5 动画中的元件

元件、实例与库是制作 Flash 动画的三大必备元素，其中，元件是构成动画的基础，它是存放于"库"面板中可以被多次重复使用的矢量图形、按钮、组件、影片剪辑等元素。Flash 中的元件分为 3 种类型，即图形元件、按钮元件和影片剪辑元件。当将"库"面板中的元件拖动到舞台上之后便形成了实例，一个元件可被反复使用多次，即一个元件可以创建多个实例。

9.5.1 创建元件

在 Flash CS6 中，元件共有 3 种类型，即"图形元件"按钮 "按钮元件"按钮 和"影片剪辑元件"按钮 。3 种元件都有各自的属性和用法，用户需根据制作动画时不同的需求来灵活地选择不同的元件。下面就来详细阐述一下 3 种元件各自的属性特征。

1. 图形元件

图形元件用于制作简单的静态图像，以及附属于主时间轴的可重复使用的动画片段。它虽然也具有时间轴，但图形的播放会受到主场景的影响，而且不能对图形元件设置 ActionScript 动作脚本，图形实例也不能应用于动作脚本。

2. 按钮元件

按钮元件是 Flash 的基本元件之一，它具有多种状态，并且会响应鼠标单击、滑过或其他动作事件，执行指定的动作，是实现动画交互效果的关键对象。在创建按钮元件时，关键是定义好弹起、指针经过、按下和点击 4 个帧，如图 9-21 所示。前 3 帧分别显示鼠标弹起、指针经过和按下鼠标时的状态，第 4 帧是确定按钮的作用范围，播放动画时在时间轴上并不会显现出来。

图 9-21 按钮元件的"时间轴"面板中的帧

3. 影片剪辑元件

利用此元件可以创建重复使用的动画片段，它有自己的时间轴，可以创建想要的任何动画，且在播放时不受主时间轴的影响。人们可以为影片剪辑元件和影片剪辑元件的实例设置 ActionScript 动作脚本。

直接创建新元件的方法很简单，可通过"创建新元件"对话框来完成。

1）启动 Flash CS6，执行"插入"→"新建元件"命令，或者使用〈Ctrl+F8〉组合键，可弹出"创建新元件"对话框。在"名称"文本框里输入新元件的名称，单击"类型"下拉按钮，从下拉列表中可选择元件类型，这里以图形元件为例，如图 9-22 所示。

图 9-22 "创建新元件"对话框

2）单击"确定"按钮后，生成一个空白图形元件"元件 1"，并进入图 9-23 所示的元件 1 编辑场景。在元件的编辑窗口可看到一个十字形状，为元件的注册点，上方显示元件的名称。

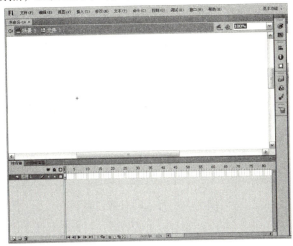

图 9-23 元件编辑场景

3）使用"矩形工具"在此场景中绘制一个矩形，单击 或者场景 1 可返回舞台。此时，在舞台上并未看到任何对象。执行"窗口"→"库"命令，在打开的"库"面板中可看到创建好的元件 1，如图 9-24 所示。

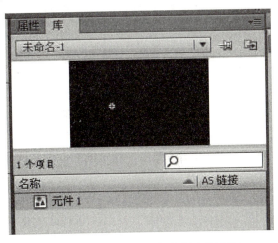

图 9-24 在"库"面板中创建的元件

9.5.2 将对象或动画转换为元件

除了可以直接新建元件外,还可以将舞台上已有的对象或动画转换为元件,操作步骤如下。

1)启动 Flash CS6,执行"文件"→"导入"→"导入到舞台"命令,将素材中的"蝶"导入到舞台,如图 9-25 所示。

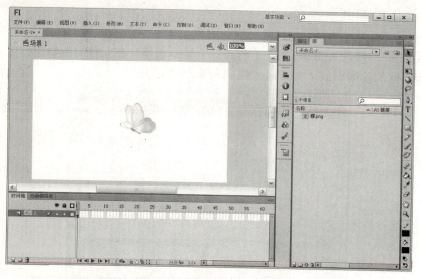

图 9-25 导入的对象"蝶"

2)选中舞台工作区的对象,执行"修改"→"转换为元件"命令,即可打开"转换为元件"对话框,或者按〈F8〉键也可打开图 9-26 所示的对话框。

图 9-26 "转换为元件"对话框

3)输入元件名称"蝴蝶",在"类型"下拉列表中选择"图形",对齐为默认。

提示:在"转换为元件"对话框中出现了一个"对齐"项,此选项可用来设置元件的注册点。在"对齐"的右侧有一个由 9 个小矩形组成的图标按钮,表示元件注册点的 9 种位置。单击哪一个小矩形,哪一个就变为黑色,表示选择此种作为元件的注册点,默认为左上角的位置。

4)单击"确定"按钮,则将舞台中的对象转换为"蝴蝶元件"的实例。此时,该实例的中心处会出现一个小圆圈,代表该元件的中心点,并且此元件被存储在"库"面板中,如图 9-27 所示。

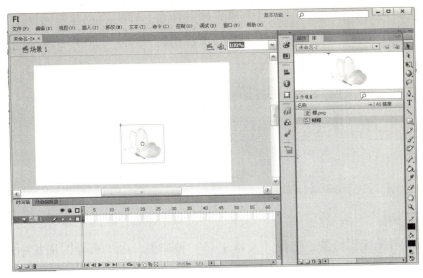

图 9-27　对象转换为元件后的显示

9.5.3　编辑元件

元件实例就是元件的一种应用，将创建好的元件从"库"面板中拖动到舞台上就形成了一个实例。根据需要，一个元件可被多次使用以创建多个实例。创建的每个实例的类型、色彩、位置等都不是恒定不变的，可通过"属性"面板来设置。下面通过例子来说明3种类型元件的实例创建与编辑方法。

1. 图形元件的实例创建与编辑

下面将制作文字逐个显示的图形元件实例。

1）新建文档，设置文档的大小为 700×500 像素。

2）将图层1重命名为"背景"，再将素材中的图片"荷花.jpg"导入舞台作为背景图像，并调整图片的大小与舞台大小一致，如图 9-28 所示。

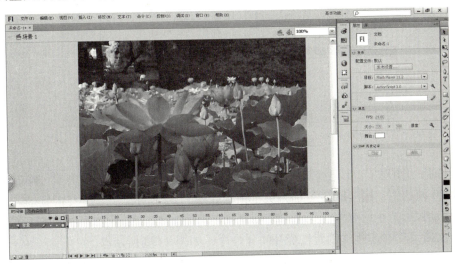

图 9-28　导入背景图片后的舞台

3）新建元件。执行"插入"→"新建元件"命令，弹出"创建新元件"对话框，在"名称"文本框中输入"文本"，在"类型"下拉列表中选择"图形"，然后单击"确定"按钮，如图9-29所示。

图9-29 创建新元件

4）进入元件的编辑场景，选择"文本工具"按钮T，在"属性"面板中设置字体为"华文行楷"，"大小"为"60点"，"颜色"为粉色"FF00FF"，"字母间距"为1.0，"滤镜"为"渐变发光"。在舞台上输入文本"映日荷花别样红"，如图9-30所示。

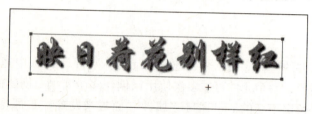

图9-30 输入的文本

5）将文本选中，执行"修改"→"分离"命令或者按〈Ctrl+B〉组合键，分离文本。再执行"修改"→"时间轴"→"分散到图层"命令，将每个文本分散到不同的图层上，如图9-31所示。

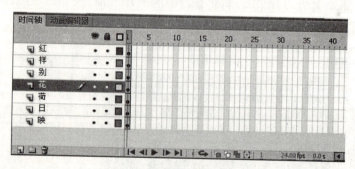

图9-31 将文本分散到不同图层

6）此时，"图层1"上已经没有内容了，变成空白关键帧，将"图层1"删除。将所有图层的第20帧选中，按〈F6〉键插入关键帧，如图9-32所示。

7）拖动鼠标选中所有图层第1~20帧之间的任意一帧，然后在选中的帧上右击鼠标，从弹出的快捷菜单中选择"创建传统补间"命令，如图9-33所示。

8）拖动鼠标选中所有图层的第70帧，按〈F5〉键插入普通帧，以保持文本的显示状态,如图 9-34 所示。

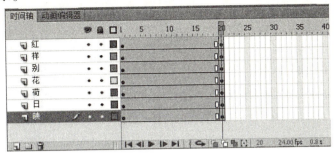

图 9-32 插入关键帧

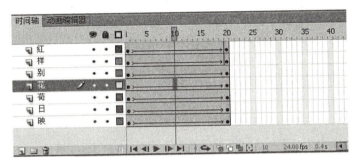

图 9-33 创建传统补间

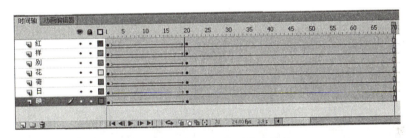

图 9-34 插入普通帧后的时间轴

9)选中文本"映",在"属性"面板上的"色彩效果"中将"样式"的"Alpha"的值设置为"0%",如图 9-35 所示。此时,文本"映"完全透明。

10)按照同样的方法,将所有文本的透明度都设置为完全透明。

11)选中图层"日"上的第 1~20 帧,按住鼠标左键将选中的帧向右移动 5 帧。

12)同理,将图层"荷"上选中的 1~20 帧向右移动 10 帧,将图层"花"上选中的 1~20 帧向右移动 15 帧,将图层"别"上选中的 1~20 帧向右移动 20 帧,将图层"样"上选中的 1~20 帧向右移动 25 帧,将图层"红"上选中的 1~20 帧向右移动 30 帧,如图 9-36 所示。

图 9-35 文本的透明度设置

13)制作完成后按〈Enter〉键预览效果,并单击"场景

231

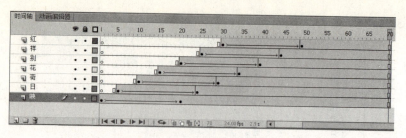

图 9-36 将所有图层上的帧移动后的"时间轴"面板

1"按钮返回舞台。

14）此时，可看到"库"面板中出现了"文本"元件和许多"补间"元件。

15）选中"背景"图层的第 70 帧，按〈F5〉插入普通帧，使背景始终显示。

16）新建图层"文本"，将"文本"图形元件从"库"面板中拖动到舞台上，放置在舞台靠上方的位置，选中第 70 帧，按〈F5〉键，如图 9-37 所示。

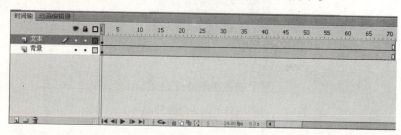

图 9-37 主场景的"时间轴"面板

17）按〈Enter〉键预览最终效果，如图 9-38 所示，将文件保存为"荷花.fla"。

图 9-38 动画最终效果

2. 影片剪辑元件的实例创建与编辑

下面将制作彩球上下弹跳的影片剪辑元件的实例。

1）按〈Crtl+F8〉组合键新建一个名称为"彩球"的影片剪辑元件。

2）进入元件的编辑场景，选择"椭圆工具"，绘制一个圆，设置"椭圆工具"的"笔触颜色"为"黑色"，"笔触"为"2"，"填充色"为"无"，"样式"为"实线"，如图9-39所示。

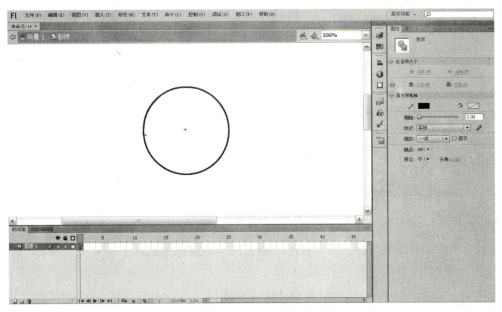

图9-39 圆的属性设置

3）选中该圆形，执行"窗口"→"变形"命令，打开"变形"面板。单击面板下方的"重置选区和变形"按钮 ，将圆复制为4个，并放置于不同的位置，如图9-40所示。

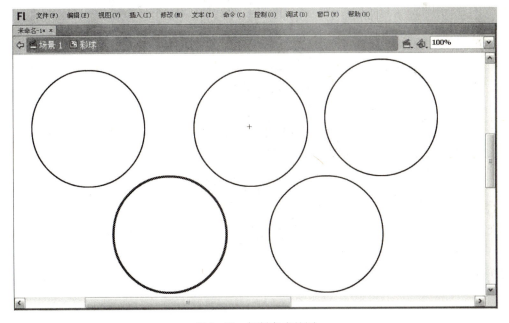

图9-40 复制完成的圆

233

4）选中第 1 行最左边和最右边的两个圆，在"变形"面板的"宽度"文本框中输入"33.33"，使其宽度变为原来的 33.33%，如图 9-41 所示。

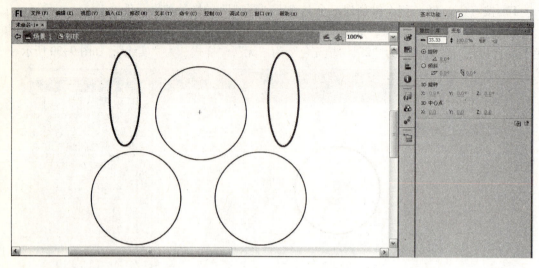

图 9-41 宽度变形后的圆

5）选中第 2 行的两个圆，在"变形"面板的"高度"文本框中输入"66.66"，使其高度变为原来的 66.66%，如图 9-42 所示。

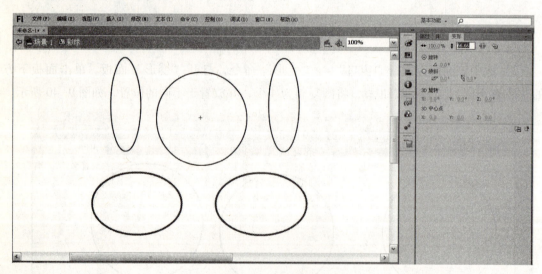

图 9-42 高度变形后的圆

6）选中一个宽度为"33.33"的圆和一个高度为"66.66"的圆，在"变形"面板中设置"旋转"为 90°，然后将复制的这 4 个圆全部移入原来的圆内并对齐，如图 9-43 所示。

7）选择"颜料桶工具"按钮，将填充色设置为粉色，给彩球的一些区域填充粉色，如图 9-44 所示。

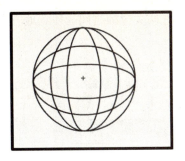 

图 9-43 旋转并对齐之后的图形　　　　　　图 9-44 填充之后的彩球

8）选择工具箱中的"选择工具"按钮，在彩球的任意一个轮廓线上双击可选中所有的轮廓线，按〈Delete〉键将轮廓线全部删除，如图 9-45 所示。

9）选择"椭圆工具"，设置笔触颜色为无，填充色为绿色到黑色的渐变色，绘制一个和彩球一样大小的球体，如图 9-46 所示。

图 9-45 删除轮廓线后的彩球　　　　　　图 9-46 渐变球体

10）按〈Crtl+G〉组合键将图 9-45 的对象组合，然后将渐变球体移到彩球上面，再进行组合，最终制作好的彩球如图 9-47 所示。

图 9-47 制作好的彩球

11）返回到舞台，将素材中的"山水"导入舞台，作为背景图像，并调整图片与舞台的大小一致，选中第 120 帧，按〈F5〉键创建普通帧，使得背景在动画播放的过程中始终显示。

12）新建图层 2，将"库"面板中的彩球元件拖到舞台左上角。在第 30 帧处按〈F6〉

键,插入关键帧,并将彩球垂直移动到舞台左下角,在两关键帧之间的任意地方右击鼠标可创建传统补间,如图9-48所示。

图9-48 第一次移动位置后的彩球

提示:
要想垂直移动位置,可通过修改"属性"面板上 X 和 Y 的值来完成。

13)同理,再分别在第60、90、120帧处插入关键帧,并分别在两两关键帧之间创建传统补间动画,使彩球分别移动到右下角、右上角、再回到起始处。依次选中第1、30、60和90帧,在"属性"面板上设置"旋转"为"顺时针",最终制作好的动画如图9-49所示。

3. 按钮元件的实例创建与编辑

通过在4个不同状态的帧时间轴上创建关键帧,可以指定不同的按钮状态。"按钮"可以是任何形式的。比如,可能是一幅位图,也可以是矢量图;可以是矩形,也可以是多边形;可以是一条线条,也可以是一个线框;甚至还可以是看不见的"透明按钮"。下面将以制作文字按钮为例来讲解按钮元件的实例制作方法。

1)新建文档,设置文档大小为500像素×350像素,背景为蓝色。新建元件,"名称"为"文字","类型"为"按钮",如图9-50所示。

2)进入按钮的编辑环境,选中"弹起"帧,再选择"文本工具"按钮T。在"属性"面板中设置"字符"下的"系列"为"微软雅黑","样式"为"Bold","大小"为"50点","颜色"为"黄色",在舞台上输入文本"点我试试",如图9-51所示。

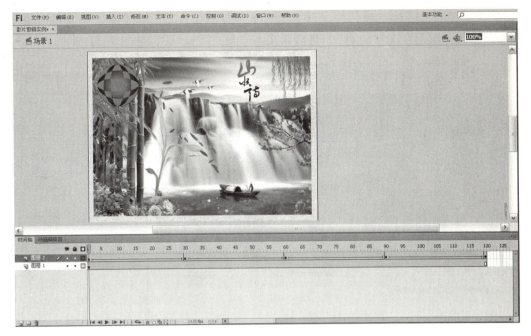

图 9-49 最终的动画

图 9-50 创建按钮元件

图 9-51 定义"弹起"帧

237

3）选中"指针经过"帧，按〈F6〉键插入关键帧，在原文本上双击可将原有文本内容删除，修改"颜色"为"红色"，再输入文本"再点我试试"，如图9-52所示。

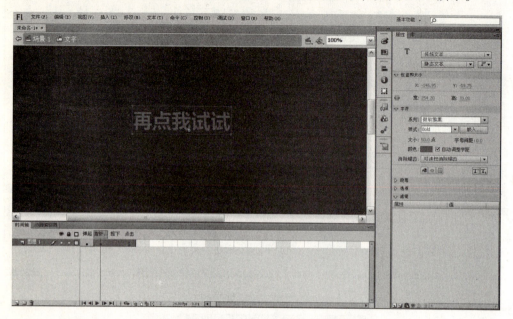

图9-52 定义"指针经过"帧

4）选中"按下"帧，按〈F6〉键插入关键帧，在原文本上双击可将原有文本内容删除，修改"颜色"为"白色"，再输入文本"HELLO，EveryOne"，如图9-53所示。

图9-53 定义"按下"帧

5）选中"点击"帧，按〈F7〉键插入空白关键帧。选择"矩形工具"，绘制一个矩形，使其大小可将文本内容全部覆盖，如图9-54所示。

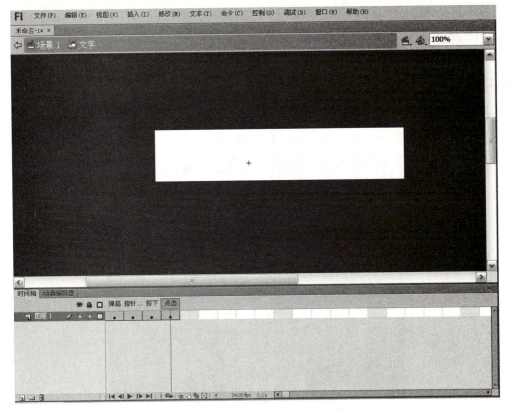

图 9-54 定义"点击"帧

6) 单击"场景 1"返回舞台,可以看到"库"面板中出现了一个文字按钮元件,将此元件拖动到舞台上。执行"控制"→"测试影片"→"测试"命令或者按〈Ctrl+Enter〉组合键可观看动画播放效果,如图 9-55 所示。

图 9-55 测试影片

9.6 课堂案例——制作草原发电厂动画

9.6.1 练习目标

本课堂案例练习的主要目标是熟练掌握 Flash 动画制作中所使用到的图层、元件和帧,以及制作简单的传统补间动画,效果如图 9-56 所示。

图 9-56 草原发电厂

素材所在位置:…\素材\课堂案例\案例素材\No9\……
效果所在位置:…\素材\课堂案例\案例效果\No9\……

9.6.2 操作步骤

制作草原发电厂动画的步骤如下。

1)启动 Flash CS6,新建 ActionScript 3.0 文档。

2)执行"文件"→"导入到库"命令,将素材中的图像"背景图片.jpg"导入到文档的"库"面板中。

3)从"库"面板中将"背景图片"拖到舞台上,在"属性"面板中设置图片的宽为 550 px、高为 400 px,相对于舞台水平居中对齐和垂直居中对齐。

4)双击"时间轴"面板左侧的图层面板中"图层 1"的名称处,修改"图层 1"的名称为"背景",在"背景"层的第 90 帧按〈F5〉键,插入普通帧。

5)执行"文件"→"导入到库"命令,将素材中的文件"草原.psd"导入到文件的"库"面板,打开"将'草原.psd'导入到库"的对话框,如图 9-57 所示。

6)在打开的对话框中取消选中"背景"图层,其他保持默认,单击"确定"按钮。

7)新建图层,重命名为"云朵 1",双击"草原.psd 资源"文件夹,将"云朵 1"拖入到舞台左侧,然后使用"任意变形工具"对其进行适当的变形。

8)在"云朵 1"图层的第 90 帧按〈F6〉键,插入关键帧,使用"移动工具"将第 90

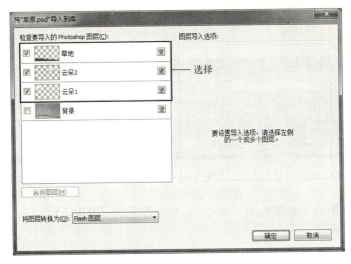

图 9-57 "将'草原.psd'导入到库"对话框

帧的云朵移动到舞台中间的上方。

9)在"时间轴"面板的"云朵1"图层中的任意一帧右击鼠标,创建传统补间动画。

10)新建图层,重命名为"云朵2"。按照上述方法,将"库"面板中的"云朵2"拖至舞台,制作传统补间动画,使云朵2从舞台的右侧慢慢移至舞台中间。

11)新建图层,重命名为"草地",将"库"面板中的"草地"拖至舞台,使用"任意变形工具"对草地进行适当的变形,放在舞台下方,如图9-58所示。

图 9-58 制作动画的多个图层

12)执行"插入"→"新建元件"命令,打开"创建新元件"对话框,设置元件名称为"单个叶片",类型为"图形",如图9-59所示。

13)进入"单个叶片"的元件编辑区,选择"多角星形工具"按钮,在"属性"面

241

板中单击"选项"按钮 ,打开"工具设置"对话框,设置四边形,如图9-60所示。

图9-59 新建"单个叶片"图形元件   图9-60 设置绘制四边形

14)设置四边形的笔触颜色为"黑色",填充颜色为"00FFFF",在舞台上绘制一个四边形,如图9-61所示。

15)使用"移动工具",将四边形的边和角进行调整,变为一个叶片的形状,如图9-62所示。

图9-61 绘制四边形   图9-62 调整四边形后的单个叶片

16)执行"插入"→"新建元件"命令,打开"创建新元件"对话框,设置元件名称为"叶片",类型为"图形"。

17)打开"库"面板,将"单个叶片"拖至舞台中间。使用"任意变形工具"将对象的旋转中心移至底部,如图9-63所示。

18)按〈Ctrl+C〉组合键复制对象,按两次〈Ctrl+V〉组合键粘贴出两个叶片,并使叶片围绕新的旋转中心旋转,调整3个叶片的位置,最终形成图形元件"叶片",如图9-64所示。

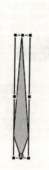   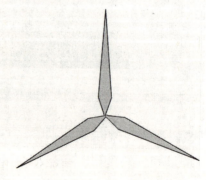

图9-63 调整对象的旋转中心   图9-64 元件"叶片"

19)执行"插入"→"新建元件"命令,打开"创建新元件"对话框,设置元件名称为"风车",类型为"影片剪辑"。

20）在元件的"图层1"的第1帧中，使用"矩形工具"绘制笔触为黑色、填充为任意渐变色的矩形支架，如图9-65所示。

21）在"图层1"的第90帧按〈F5〉键，插入普通帧。

22）新建图层，选择"图层2"的第1帧，将"库"面板中的元件"叶片"拖至舞台上，移至支架的顶部。使用"任意变形工具"适当调整叶片的大小，并将叶片的旋转中心移至3个叶片的连接点处，如图9-66所示。

图9-65 矩形支架　　　　图9-66 制作风车

23）选择"图层2"的第90帧，按〈F6〉插入关键帧。使用"任意变形工具"，使叶片围绕中心进行旋转。

24）在时间轴的"图层1"的第1~90帧中间右击鼠标，创建传统补间动画，实现叶片的旋转。

25）返回"场景1"，新建图层，重命名为"风车"。选择第1帧，将"库"面板中的影片剪辑元件"风车"拖至舞台上，使用"任意变形工具"适当调整大小及位置，如图9-67所示。

图9-67 使用影片剪辑元件

26）在图层面板上的"风车"图层上右击鼠标，在弹出的快捷菜单中选择"复制图层"命令，即可复制一个新的"风车"图层，使用"任意变形工具"调整风车的大小和位置。

27）按照上述方法，可复制多个"风车"图层，将多个"风车"放在舞台中，如图 9-68 所示。

图 9-68　复制多个"风车"图层

28）将"草地"图层拖至图层面板的顶部，实现对风车支架的遮挡，如图 9-69 所示。

图 9-69　调整图层顺序

29）执行"文件"→"保存"命令，打开"另存为"对话框，设置文件名为"草原发电厂.fla"。

30）使用〈Ctrl+Enter〉组合键测试影片。

9.7 本章小结

本章带领大家学习了 Flash CS6 这个软件，学习使用它来制作动画的基本方法。学习由浅入深，从认识 Flash CS6 界面开始，逐步学习 Flash CS6 动画制作原理，再到动画中的图层、帧、元件，以及高级动画的制作方法。学习完本章内容后，要求大家能够根据所掌握的知识熟练地制作出一些精美多样的动画。还有部分内容并未在本章中进行详细讲述，在实际的使用过程中若需要，可在已有的基础之上自行学习。

9.8 课后习题——制作"新春快乐"动画

根据提供的素材制作"新春快乐"动画，依次在每个灯笼上输入文字"新""春""快""乐"，并设置每个灯笼依次从画面的顶部落下的动画效果，完成后的效果如图 9-70 所示。

图 9-70 "新春快乐"动画效果图

素材所在位置：……\素材\课后习题\习题素材\No9\……
效果所在位置：……\素材\课后习题\习题效果\No9\……

第 10 章　使用 Flash CS6 制作动画

学习要点：

- 传统补间动画
- 补间动画
- 引导动画
- 遮罩动画

学习目标：

- 理解 Flash CS6 补间动画的制作原理
- 理解引导动画和遮罩动画的制作原理
- 掌握传统补间动画和补间动画的制作方法
- 掌握引导动画和遮罩动画的制作方法

导读：

前面学习的 Flash CS6 基本元素，如图层、帧、元件等，都是动画的基础组成，本章将在前面学习的基础之上更加深入地学习动画的制作方法。在实际的应用当中，人们需要的是更加丰富、生动、复杂的动画，这些动画需要通过补间动画、引导动画和遮罩动画等多种形式来实现。本章主要采用案例驱动式的方法来详细讲解动画的制作方法。

10.1　补间动画

在 Flash 8 以前的版本中，创建补间动画主要有两种形式：一种是创建补间动画，另一种是创建补间形状。创建补间动画就是通过 Flash 自动创建物体运动的缩放、旋转、位置、透明变化等动画，而创建补间形状主要用于变形动画，如三角形变成五边形、文字的变化等。到了 Flash CS3 之后，增加了一些 3D 的功能，而以前两种创建补间动画的方法都没有办法实现 3D 的旋转，所以之后的创建补间动画也就不再是以前版本上的那个意义了，为了区分补间动画的不同，就把以往的那种创建补间动画改为创建传统补间，这样在较新版本的 Flash 中，创建补间动画就出现了以下 3 种形式。

（1）创建补间动画

这种补间动画在可以完成传统补间动画的效果之外，还可以增加 3D 补间动画。

（2）创建补间形状

和以前的创建补间形状动画效果相同，可以用于对象的变形。

（3）创建传统补间

和以前的创建补间动画效果相同，用于设置物体的位置、旋转、放大缩小、透明度变化等，但是不能增加 3D 效果。

本节主要学习传统补间动画和补间动画的区别及各自的创建方法。

10.1.1 传统补间动画和补间动画的区别

传统补间动画使用关键帧，每个关键帧上会有不同的状态，关键帧是其中显示对象的实例的帧。补间动画只能具有一个与之关联的对象实例，使用的是属性关键帧，而不是关键帧。

补间动画在整个补间范围内由一个目标对象组成。补间动画和传统补间动画都只允许对特定类型的对象进行补间。若应用补间动画，则在创建补间时会将所有不允许的对象类型转换为影片剪辑，而应用传统补间会将这些对象类型转换为图形元件。

10.1.2 传统补间动画

前面已经多次使用过传统补间来制作动画，下面再通过一个实例来介绍传统补间动画的制作方法。

1）新建文件 ActionScript 3.0。设置文档宽为 600 像素，高为 300 像素，背景色为黑色。

2）单击"时间轴"面板中"图层 1"的第 1 帧，选择"椭圆工具"，设置椭圆的填充色为红色无轮廓线，然后按住〈Shift〉键在舞台的左下角绘制圆，如图 10-1 所示。

3）在"时间轴"面板中选择第 60 帧，并将红色小圆移动到舞台右侧，且将填充色修改为绿色，如图 10-2 所示。

图 10-1　绘制红色的圆

图 10-2　移动红色的圆到右侧并变为绿色

4）选择"图层 1"第 1~60 帧之间的任一帧，右击鼠标，在弹出的快捷菜单中选择"创建传统补间"命令，此时的"时间轴"面板如图 10-3 所示。

图 10-3　传统补间动画"时间轴"面板

5）按〈Ctrl+Enter〉组合键测试动画效果。

10.1.3 补间动画

Flash CS4 以后，新增了一个基于对象的补间动画，可以直接称为补间动画。与传统补间动画一样，补间动画对于创建对象的类型也有所限制，只能应用于元件、位图、实例。被打散的对象不能产生补间动画，必须要将它们转换为元件或进行组合，并且在同一图层中只能选择一个对象。

人们可对舞台上现有的元件直接创建补间动画,只需要在"时间轴"面板上选择加关键帧的地方,然后直接拖动舞台上的元件到对应的位置,就会自动形成一个补间动画。它不需要自己创建关键帧,Flash 会自动生成属性关键帧。这个补间动画的路径是可以直接显示在舞台上的,且可以通过"选择工具"调整移动路径。

下面通过一个实例来介绍补间动画的制作方法。

1)新建文件 ActionScript 3.0。设置舞台宽为 700 像素,高为 400 像素。

2)将"图层 1"重命名为"背景",选中"背景"层的第 1 帧,执行"文件"→"导入"→"导入到舞台"命令,将素材中名称为"蓝天白云.jpg"的图片导入到舞台,调整图片与舞台大小一致且完全对齐。再执行"文件"→"导入"→"导入到库"命令,将素材中名称为"飞翔小鸟.gif"的文件导入到"库"面板,如图 10-4 所示。

图 10-4 导入背景图像和小鸟文件

3)在"背景"图层上方新建一个图层,并将其命名为"小鸟",然后将"库"面板中的"飞翔小鸟.gif"进行适当缩放后放置在"小鸟"图层的舞台右侧外,如图 10-5 所示。

图 10-5 新建图层并应用小鸟文件

4）在所有图层的第 80 帧插入普通帧，然后在舞台右侧的"飞翔小鸟"图形上单击鼠标右键，在弹出的快捷菜单中选择"创建补间动画"命令，如图 10-6 所示。此时会弹出一个提示框，直接单击"确定"按钮即可，将"飞翔小鸟"图形转换为元件实例，之后"小鸟"图层变为补间图层，其图层图标变为 形状。

图 10-6　选择"创建补间动画"命令

5）单击"小鸟"图层的第 80 帧，播放头自动移到该帧，将"小鸟"图层第 80 帧中的"飞翔小鸟"元件实例移到舞台左下方，此时系统会自动在"小鸟"图层第 80 帧处插入一个属性关键帧，并生成一条运动路径，如图 10-7 所示。

图 10-7　生成运动路径

6）使用"选择工具"按钮 对对象的运动路径进行适当调整，如图 10-8 所示。

249

图 10-8　调整运动路径

7）选择"任意变形工具"调整"小鸟"图层第 1、30、55 和 80 帧中"飞翔小鸟"元件实例的角度，如图 10-9 所示。

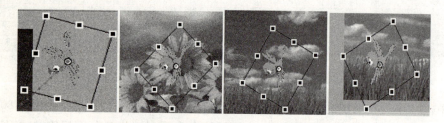

图 10-9　调整各属性关键帧上元件实例的角度

8）按〈Ctrl+Enter〉组合键测试动画效果。

10.1.4　形状补间动画

与传统的补间动画和基于对象的补间动画不同，形状补间动画主要是针对形状的变化来创建过渡动画。

要创建形状补间动画，必须保证两个关键帧上的对象都是分离的图形。如果要使用元件实例、文字、组合的图形等对象创建形状补间动画，需要先按〈Ctrl+B〉组合键将它们分离为矢量图形。

若要控制更复杂或难度更高的变形效果，可以采用形状提示点。形状提示点会识别开始形状和结束形状中应该相互对应的点。例如，如果正在将更改表情的脸孔制作成补间动画，则可以使用形状提示点表示两只眼睛。接着，发生形状改变时，脸孔将不会糊成一团；眼睛仍然可以辨识出来，并在转换时分别改变。

形状提示点包含字母（a~z），用来识别开始形状和结束形状中相互对应的点。用户最多可以使用 26 个形状提示点。形状提示点会在开始关键影格中呈现黄色，在结束关键影格中呈现绿色，不在曲线上时则会呈现红色。

下面以制作数字"1"变为"2"的动画为例，介绍形状补间动画的制作方法。

1）新建文件 ActionScript 3.0。设置舞台宽为 600 像素，高为 300 像素，背景色为绿色。

2）选中"图层1"时间轴上的第 1 帧，再选择"文字工具"按钮 T，在其"属性"面板的"系列"下拉列表中设置字体为"微软雅黑"，样式为加粗，颜色为黑色，大小为 140 点，然后输入数字"1"。

3）将数字"1"分离，然后选中第 60 帧，按〈F6〉键插入关键帧，此时"图层1"第 1 帧与第 50 帧的内容是一致的。

4）单击"图层1"的第 60 帧，再次选择"文字工具"，设置字体为微软雅黑、加粗、红色、140 点，接着在舞台右侧输入数字"2"。然后将数字"2"分离，将数字"1"删除。

5）选中第 1~60 帧之间的任意一帧，右击鼠标，在弹出的快捷菜单中选择"创建补间形状"命令，如图 10-10 所示。

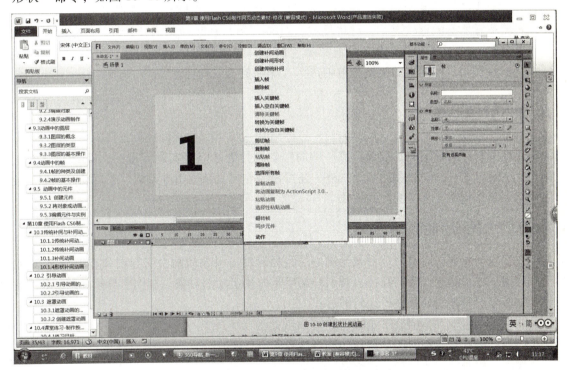

图 10-10　创建补间形状动画

6）按〈Ctrl+Enter〉组合键预览动画，会发现数字"1"变为"2"的变形效果不是很理想。接下来通过添加形状提示点，使变形效果更加自然。

7）选中"图层1"的第 1 帧，然后执行"修改"→"形状"→"添加形状提示"命令，或者使用〈Ctrl+Shift+H〉组合键，在数字"1"上添加一个形状提示点，如图 10-11 左图所示。

8）连续按〈Ctrl+Shift+H〉组合键 3 次，添加 3 个形状提示点，然后按照形状提示点上的字母顺序将形状提示点拖到图 10-11 中图所示的数字"1"的相应位置。

9）选中"图层1"的第60帧，会发现该帧上的数字"2"上也出现了4个形状提示点，将这几个形状提示点按照字母顺序拖放到图10-11右图所示的数字"2"相应位置。此时第40帧中的形状提示点会变为绿色，第1帧中的形状提示点会变为黄色，这表示形状提示点在同一条曲线上。此时再预览动画，会发现形状的变化很有规则。

图10-11　添加形状提示

形状提示点若使用不当，不但无法使形状补间动画的过渡达到预期效果，反而会适得其反，所以在使用形状提示点时应注意以下几点。

➢ 形状补间动画开始帧与结束帧上的形状提示点是一一对应的，例如，动画开始处的形状提示点"a"的所在位置，会变化到动画结束处形状提示点"a"的所在位置。

➢ 按逆时针顺序从对象的左上角开始放置形状提示点，可使过渡达到最佳效果。

➢ 形状提示点必须在形状的边缘才能起作用，在调整形状提示点的位置前，可按下工具箱中的"贴紧至对象"按钮，这样形状提示点会自动吸附到图形边缘上。

➢ 要删除所有的形状提示，可将播放头跳转到形状补间动画的开始帧，然后执行"修改"→"形状"→"删除所有提示"命令；要删除单个形状提示，可右击要删除的形状提示，在弹出的快捷菜单中选择"删除提示"命令。

10.2　引导动画

在网页制作的过程中，仅仅依靠一些简单动画是无法满足实际需求的，Flash除了能够制作一些简单的补间动画和逐帧动画外，还可以制作出复杂的引导动画、遮罩动画，以及使用元件来制作出精美多样的动画效果。

10.2.1　引导动画的基本知识

在引导动画中，对象可以沿着绘制好的路径运动。引导动画由引导层和被引导层组成，引导层用于放置对象运动的路径，被引导层用于放置运动的对象。制作引导动画的过程实际就是对引导层和被引导层进行编辑的过程。

1. 引导层

内容：只放置绘制的运动路径（引导线）。

作用：使对象沿着绘制的运动路径（引导线）运动。

图层形式：引导层下方的图层称为"被引导层"，被引导层会比其他图层往里缩进一些，引导动画的"时间轴"面板如图10-12所示。

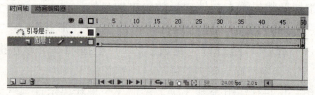

图10-12　引导动画的"时间轴"面板

2. 引导层的创建方法

引导层的创建方法非常简单。在普通图层上右击鼠标，从弹出的快捷菜单中选择"添加传统运动引导层"命令即可。

3. 引导线

引导线是引导动画中的路径，该路径可以简单，也可以复杂。在绘制引导线时应把握如下的几点原则。

> 引导线不能是完全封闭的曲线，要有起点和终点。
> 起点和终点之间的线条必须是连续的，不能间断，可以是任意的形状。
> 引导线转折处的线条弯转不宜过急、过多，否则 Flash 无法准确判定对象的运动路径。
> 被引导对象必须准确吸附到引导线上，也就是元件编辑区中心必须位于引导线上，否则被引导对象将无法沿引导路径运动。
> 引导线在最终生成的动画中是不可见的。

10.2.2 引导动画的制作方法

引导动画的制作方法如下。

1）首先在普通层中创建好对象。

2）然后在普通层上右击鼠标，从弹出的快捷菜单中选择"添加传统运动引导层"命令，这时会在普通层上方生成一个引导层，下方的普通层变为被引导层。引导层与被引导层的图标有所不同，且被引导层相对引导层向右缩进。

3）接着在引导层中绘制一条路径，然后将引导层中的路径根据实际情况沿用到某一帧。

4）再接着在被引导层中将对象的中心控制点移动到路径的起点，使两者紧紧吸附到一起。在被引导层的某一帧插入关键帧，并将对象移动到引导层中路径的终点。

5）最后在被引导层的两个关键帧之间创建传统补间动画，引导动画制作完成。

下面通过一个简单的实例，学习引导动画的具体制作方法。

1）启动 Flash CS6，新建文件，设置文档的参数如图 10-13 所示。

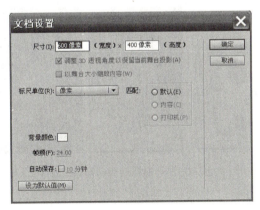

图 10-13 文档参数设置

2）选中"图层 1"的第 1 帧，使用"椭圆工具"绘制一个无轮廓线的立体小球。

3）选中"图层 1"并右击鼠标，从弹出的快捷菜单中选择"添加传统运动引导层"命令。

4) 选中引导层的第 1 帧，再选择"铅笔工具"，将铅笔模式设置为"光滑"，设置笔触大小为 2，绘制任意不完全封闭的路径。

5) 再选中图层 1，然后选中第 50 帧，按〈F6〉键，插入一个关键帧。

6) 在两个关键帧之间的任意地方单击鼠标右键，从弹出的快捷菜单中选择"创建传统补间"命令，制作小球的补间动画。

7) 选中引导层，再选择第 50 帧，按〈F5〉键，将第 1 帧沿用。

8) 选中"图层 1"的第 1 帧，将小球的中心点吸附到路径的起点。选中第 50 帧，将小球的中心点吸附到路径的终点。

9) 按〈Enter〉键播放动画，或者按〈Ctrl+Enter〉组合键测试影片。至此，整个动画制作完毕，"时间轴"面板如图 10-14 所示。

图 10-14 引导动画的"时间轴"面板

10) 保存名为"小球引导动画.fla"的文件。

10.3 遮罩动画

"遮罩"，顾名思义就是遮挡住下面的对象。在 Flash CS6 中，"遮罩动画"也确实是通过"遮罩层"来达到有选择地显示位于其下方的"被遮罩层"中的内容的目的。在一个遮罩动画中"遮罩层"只有一个，"被遮罩层"可以有任意多个。

10.3.1 遮罩动画的作用

遮罩动画由遮罩层和被遮罩层组成。用一个形象的比喻来说，遮罩层相当于一堵挡住风景的墙，被遮罩层相当于墙上打开的窗户，透过窗户看到的外面的风景就是最终的遮罩动画。遮罩层决定看到的形状，被遮罩层决定看到的内容，如图 10-15 所示。

图 10-15 遮罩动画的形成原理

10.3.2 创建遮罩动画

1. 创建遮罩动画

在 Flash CS6 中没有一个专门的按钮或者菜单命令来创建遮罩层，遮罩层其实是由普通图层转化的。只要在要某个图层上单击鼠标右键，在弹出的快捷菜单中选择"遮罩层"命令，该图层就会变成遮罩层，"层图标"就会从普通层图标变为遮罩层图标，系统会自动把遮罩层下面的一层关联为"被遮罩层"，在缩进的同时其图标变为 ▨。如果要使更多层被遮罩，只要把这些层拖到遮罩层下面即可，遮罩动画的"时间轴"面板如图 10-16 所示。

图 10-16　遮罩动画的"时间轴"面板

2. 构成遮罩和被遮罩层的元素

遮罩层中的图形对象在播放时是看不到的，遮罩层中的内容可以是按钮、影片剪辑、图形、位图、文字等，但不能使用线条。如果一定要用线条，可以将线条转化为"填充"。被遮罩层中的对象只能透过遮罩层中的对象被看到。在被遮罩层，可以使用按钮、影片剪辑、图形、位图、文字、线条等元素。

3. 遮罩中可以使用的动画形式

可以在遮罩层、被遮罩层中分别或同时使用形状补间动画、动作补间动画、引导动画等，从而使遮罩动画变成一个可以施展无限想象力的创作空间。

下面通过一个简单的实例"电影字幕"来说明遮罩动画的制作。

1）新建文档，设置文档的宽度为 660 像素，高度为 500 像素，背景色为黑色。

2）选中"图层 1"的第 1 帧，选择"矩形工具"，取消轮廓线，设置填充方式为"线性渐变"，即可为任意颜色的渐变，再绘制一个矩形将整个舞台盖住。采用"渐变变形工具"将颜色方向调节为图 10-17 所示。做好后将这一图层暂时隐藏，以免影响下面的设置。

图 10-17　矩形渐变色的方向

3）新建一个"图层 2"，将图层名字修改为"文本"。选中第 1 帧，输入相应文字。输入完成后显示刚才隐藏的"图层 1"，并将文字转换为图形元件，将文字拖到舞台下方，如图 10-18 所示。

4）在文本图层的第 180 帧按〈F6〉键，插入关键帧，然后创建传统补间动画，再将文字元件拖到舞台上方，如图 10-19 所示。

255

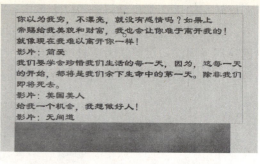

图 10-18　文本内容与位置　　　　　　　图 10-19　文本在舞台上方的位置

5）在"图层1"的第180帧按〈F5〉键,将第1帧沿用,然后在文本图层上右击鼠标,在弹出的快捷菜单中选择"遮罩层"命令即可。

6）至此,遮罩动画制作完成,将文件以"电影字幕.fla"名称保存。

10.4　课堂案例——制作按钮控制的引导动画

利用本章所学知识,制作图10-20所示按钮控制的五角星沿既定轨迹运动的引导动画。

图 10-20　按钮控制的引导动画

10.4.1　练习目标

本练习制作按钮控制的引导动画,利用前面学习过的引导动画制作方法,首先制作五角星沿着小写字母m运动的动画,然后单击"play"按钮可使五角星开始运动,单击"stop"按钮可使五角星停止运动,单击"replay"按钮可使五角星回到起点重新开始运动。

效果所在位置:…\No9\课后练习\按钮实例.fla。

10.4.2　操作思路

根据练习目标,结合本章知识,具体操作思路如下。

1）新建"控制引导动画.fla"文件。
2）设置舞台的背景颜色为黑色。

3）利用前面学习的引导层动画知识制作小球的运动轨迹为文本式样 m 形的引导动画效果。

提示：

m 路径制作方法如下。

a. 选择文本工具，输入"m"，设置字体为 Vrinda，大小为 500 点，颜色为蓝色。

b. 选择文本 m，进行分离；选择"墨水瓶工具"，对文本 m 进行描边，且描边颜色为白色。

c. 在文本 m 的蓝色区域上单击，按〈Delete〉键，将文本 m 掏空。

4）根据创建元件知识新建图 10-20 所示的 3 个按钮。

5）新建图层且命名为"按钮"，将库中的按钮元件移至"按钮"图层。

6）新建图层且命名为文字，在按钮下方对应输入文本"paly""stop""replay"。

7）依次选择 play、stop、replay 按钮，为按钮添加动作。

10.5 本章小结

本章带领大家学习了 Flash CS6 高级动画的制作方法，首先介绍了传统补间动画和补间动画的区别及制作原理，其次介绍了引导动画和遮罩动画，利用这两种动画可以实现丰富多彩的动画效果。学习完本章内容后，要求大家能够根据所掌握的知识熟练地制作出一些精美多样的动画。还有部分内容并未在本章中进行详细讲述，在实际的使用过程中若需要，可在现有的基础之上自行学习。

10.6 课后习题——制作地球自转的遮罩动画

利用本章所学知识，制作图 10-21 所示的按钮控制地球运动的遮罩动画。要求单击"stop""replay"和"play"3 个按钮时能分别实现地球停止转动、重新开始转动和转动的功能。地球平面图在本章素材中。

提示：

本练习是用按钮控制地球的运动，因此需要先制作地球的遮罩动画，然后添加 3 个按钮，并且为每个按钮添加相应的代码。

图 10-21 按钮控制遮罩动画

第 11 章 综合案例——制作"最美瞬间摄影工作室"网站首页

学习要点：

- 网站规划
- 网站建设
- 使用 Photoshop 制作网页效果图并进行切片
- 使用 CSS 样式设置网页外观

学习目标：

- 掌握网页制作前的准备工作
- 掌握使用 Photoshop 和 Flash 制作网页元素及效果图的方法
- 掌握制作多媒体网页的方法
- 掌握使用 CSS 美化网页的方法

导读：

本章用一个综合案例来全面介绍制作网站过程中 3 种软件配合、协调的工作过程，其中包括使用 Photoshop CS6 制作网页效果图，使用 Flash CS6 制作网页中的动画素材，使用 Dreamweaver CS6 设计网页，完成网站建设的基本流程，使读者对网页设计有一个系统、全面的认识。通过"最美瞬间摄影工作室"网站首页的制作，以及课后习题中对子页的设计来完成网站的整体设计及开发，实现页面之间的跳转，完成网页之间的正常访问及跳转。

11.1 网站目标

Dreamweaver、Flash 和 Photoshop 这 3 种软件发挥自身特点，利用 3 种软件协同工作，就可以轻松地制作出一个漂亮、完整的网页。综合本书所学知识，首先使用 Photoshop CS6 设计网站首页的效果图，然后使用 Flash CS6 制作网站动画，最后使用 Dreamweaver CS6 将 Photoshop 处理的图像和 Flash 制作的动画添加到 HTML 网页中，制作出一个"最美瞬间摄影工作室"网站的首页，效果如图 11-1 所示。

图 11-1 网站首页

11.2 案例分析

在"最美瞬间摄影工作室"网站的首页制作过程中,主要突出使用 3 种软件协同工作的特点,使用 Photoshop 软件来设计首页的效果图,然后使用切片工具对网页进行切片处理,使用 Flash 软件设计网页中需要添加的小动画,使用 Dreamweaver 软件将对象添加到 HTML 网页中。在制作网页之前,可以先了解同类型网站的风格、色调等问题,这可对网页的制作起到帮助的作用。

在确定好网站的类型后,就可以着手准备:首先准备素材,网站的素材可以来自网络或其他途径,使用 Photoshop 将收集到的素材组合起来,形成网页的框架,并进行切片;其次使用 Flash 制作网站中需要的动画;最后使用 Dreamweaver 制作网页。具体操作将在下面做详细介绍。

11.3 制作过程

11.3.1 使用 Photoshop CS6 制作网站首页

首先使用 Photoshop CS6 制作网站首页的效果图。使用工具在效果图文档中添加图片、文字等对象,并对图像和文字进行美化,然后运用切片工具对效果图进行切片处理,最后将切片图像插入到网页文档中,最后的网页效果图如图 11-2 所示。具体操作步骤如下。

图 11-2 首页效果图

1) 启动 Photoshop CS6，新建文档，"名称"为"首页效果图"，"大小"为"1 024 像素×100 像素"，"分辨率"为"72 像素/英寸"，"颜色模式"为"RGB 颜色"，"背景内容"为"白色"，如图 11-3 所示。

2) 设置文档的"前景色"为"灰色（R：116，G：106，B：106）"，使用〈Alt+Delete〉组合键用前景色填充文档背景。

3) 打开素材中的图像文件"背景.jpg"，使用"移动工具"将其移动到"首页效果图"文档中，使用〈Ctrl+T〉组合键对图像进行自由变换，适当调整图像大小，并置于文档上方，给该图层设置"内发光"的图层样式。

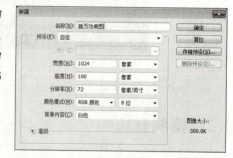

图 11-3 新建文档

4) 使用"横排文字工具"按钮 T，设置字体为"方正姚体"，大小为"60 点"，颜色为"黑色"，在"背景"图像上方输入网站标题内容"最美瞬间摄影工作室"，如图 11-4 所示，给该文字图层设置"投影"和"外发光"的图层样式。

图 11-4 输入并设置网站标题文字

5) 继续使用"横排文字工具"按钮 T 设置不同的字体格式、不同的大小，颜色为"白色"，依次新建 3 个文字图层，内容分别为"www.beautiful.com""Tel：+86-029-66666666"和"我们专注成就事业呈现最美瞬间"，如图 11-5 所示。

图 11-5　设置文字图层

6）打开素材中的图像文件"Banner.jpg",使用"移动工具"将其移动到"首页效果图"文档中,使用〈Ctrl+T〉组合键对图像进行自由变换,适当调整图像大小,并置于文档中间,给该图层设置"内发光"的图层样式,如图 11-6 所示。

7）新建组,命名为"导航"。

8）使用"圆角矩形工具"按钮 绘制路径,将工作路径存储为"路径 1",并将路径作为选区载入。

9）在"导航"组中,新建图层,命名为"按钮 1"。

10）打开"渐变编辑器"对话框,设置渐变模式为前景色"红色"到背景色"白色"的渐变,如图 11-7 所示。

图 11-6　设置 Banner 图像

图 11-7　设置渐变

11）继续设置渐变模式为"对称渐变",最后在从选区中央向下拖动鼠标,填充选区如图 11-8 所示,导航按钮的渐变填充效果如图 11-9 所示。

图 11-8　填充渐变效果

图 11-9　填充效果

12）使用〈Ctrl+D〉组合键取消选区,给图层"按钮 1"添加"内阴影"的图层样式。

13）使用同样的方法制作"按钮 2"图层,设置渐变模式为前景色"黑色"到背景色

"白色"的渐变。

14）给"按钮2"图层添加"内阴影"的图层样式。

15）将"按钮2"图层连续复制4次，分别给图层重命名为"按钮3""按钮4""按钮5""按钮6"，按钮效果如图11-10所示。

图11-10 按钮效果

16）使用"横排文字工具"按钮 T ，设置字体为"隶书"，大小为"24点"，颜色为"白色"，在6个按钮图像上输入按钮文字"网站首页""新闻动态""作品展示""参考报价""拍摄景点"和"联系我们"，完成导航按钮的制作，效果如图11-11所示。

图11-11 导航按钮效果图

17）新建图层组，命名为"最新动态"。

18）使用"横排文字工具"按钮 T ，设置字体为"Arial"，大小为"60点"，颜色为"灰色"，在图像"Banner"下方输入字母"L"。

19）在"最新动态"组中新建图层，调整文字大小为"24点"，在字母"L"后面输入字母"atest"。

20）接着在"最新动态"组中新建图层，调整文字字体为"幼圆"，在字母"atest"上面输入文字"最新动态"，最终效果如图11-12所示。

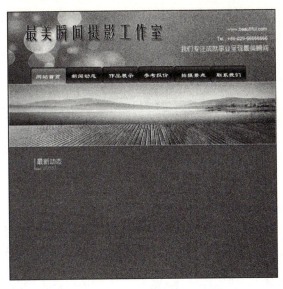

图 11-12 "最新动态"图层组效果

21)使用同样的方法制作"最新案例"和"友情链接"图层组,效果如图 11-13 所示。

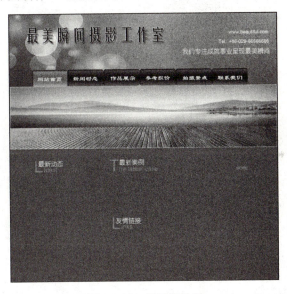

图 11-13 图层组效果

22)在图层组外新建图层,重命名为"线条 1"。使用"直线工具"按钮![],设置前景色为"白色",直线"粗细"为"3 像素",按住〈Shift〉键并拖动鼠标可在"最新案例"下面绘制一条直线,并给图层"线条 1"添加"投影"的图层样式。

23)复制"线条 1"图层,重命名为"线条 2",使用"移动工具"将其拖到"友情链接"下面的位置,最终效果如图 11-14 所示。

24)执行"视图"→"标尺"命令,在文档窗口中显示标尺,从标尺中拖出参考线来辅助切片定位,如图 11-15 所示。

25)使用"切片工具"按钮![],在效果图上需要的位置拖动鼠标进行切片,图中纯色

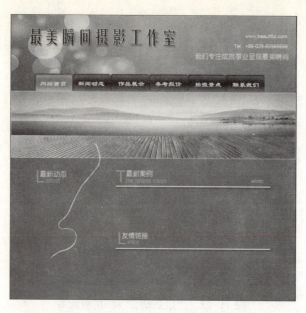

图 11-14 首页效果图

图 11-15 设置切片环境

的部分不用切片，效果如图 11-16 所示。

26）执行"文件"→"存储为 Web 所用格式"命令，打开"存储为 Web 所用格式"对话框。在打开的对话框中保持默认设置，单击"存储"按钮 存储… ，在打开的对话框中设置文件的保存位置，设置文件名称为"效果图"，"格式"为"仅限图像"，在"切片"下拉列表中选择"所有用户切片"，单击"保存"按钮 保存(S) 。

图 11-16　进行切片

11.3.2　使用 Flash CS6 制作网站动画

在网页中使用 Flash 动画，不但能增加网站的动态效果，还能吸引更多的用户去浏览网页。越来越精彩的网络已经离不开 Flash，而 Flash 也能让网络越来越绚丽。在图像制作完成后，接下来介绍使用 Flash CS6 制作 "最美瞬间摄影工作室" 网站首页中的动画。这里制作闪动的星光和变形的文字动画，制作效果如图 11-17 所示，具体操作步骤如下。

1) 启动 Flash CS6，新建 ActionScript 3.0 空白文档，设置舞台背景色为 "黑色"，舞台大小为 550 像素×170 像素。

2) 执行 "插入" → "新建元件" 命令，打开 "创建新元件" 对话框，创建一个名为 "星光" 的图形元件，如图 11-18 所示。

图 11-17　Flash 动画

图 11-18　"创建新元件" 对话框

3) 选中 "图层 1" 的第 1 帧，选择 "矩形工具" 按钮，设置 "矩形" 无边框，填充色为 "线性渐变" 模式下的 "黑-黄-白-黄-黑"，"颜色" 面板中的选项设置如图 11-19 所示。

4) 使用设置好颜色属性的 "矩形工具" 绘制一个细长的矩形，如图 11-20 所示。

图11-19 "颜色"面板中的选项设置

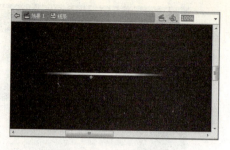
图11-20 绘制矩形线条

5)选中绘制的矩形,打开"变形"面板,设置旋转为"45°",连续单击3次"重制选区和变形"按钮,"变形"面板中的选项设置如图11-21所示。

6)使用"任意变形工具"按钮调整部分线条的长短,设置星光的效果,如图11-22所示。

图11-21 "变形"面板中的选项设置

图11-22 绘制的"星光"元件效果

7)执行"插入"→"新建元件"命令,打开"创建新元件"对话框,创建一个名为"流星"的影片剪辑元件。

8)在"图层1"的第1帧,将元件"星光"拖入舞台任意位置,在第100帧插入帧。重新选中第1帧,使用"选择工具"按钮在舞台上的元件实例上右击,创建补间动画。

9)接着在"图层1"的第45和100帧处,使用"任意变形工具"按钮分别调整该元件实例的大小和位置。

10)新建"图层2",在第8帧处插入"空白关键帧",将"星光"元件拖入舞台任意位置,右击元件实例,创建补间动画。

11)接着在"图层2"的第55和100帧处,同样使用第9)步的方法设置星光。

12)新建"图层3",在第15帧处插入"空白关键帧",将"星光"元件拖入舞台任意位置,右击元件实例,创建补间动画。

13)接着在"图层3"的第70和100帧处,同样使用第9)步的方法设置星光。制作好的影片剪辑元件"流星"的"时间轴"面板如图11-23所示。

图11-23 "流星"元件的"时间轴"面板

14）执行"插入"→"新建元件"命令，打开"创建新元件"对话框，创建一个名为"文字"的影片剪辑元件。

15）使用"文本工具"按钮，设置文本的字体为"黑体"，字号为"72号"，颜色为"白色"，在"图层1"的第1帧输入文字"精"，使用〈Ctrl+B〉组合键打散文字，在第100帧插入帧。

16）重新选择"图层1"的第1帧，使用"选择工具"右击文字，创建补间动画，弹出"将所选的内容转换为元件以进行补间"对话框，单击"确定"按钮，如图11-24所示。

17）在"图层1"的第20、45和100帧使用"任意变形工具"修改文字的不同形状。

18）使用"选择工具"在"图层1"的3个属性关键帧上选择文字，分别设置文字的不同Alpha值，如图11-25所示。

图11-24 "将所选的内容转换为元件以进行补间"对话框　　图11-25 设置文字的Alpha值

19）新建"图层2"，在第3帧处插入空白关键帧，使用"文本工具"，在"精"字右侧输入文字"彩"，使用〈Ctrl+B〉组合键打散文字。

20）按照第16）步的操作，制作文字"彩"的补间动画。

21）在"图层2"的第25、55和95帧使用"任意变形工具"修改文字的不同形状。

22）同样使用"选择工具"在"图层2"的3个属性关键帧上选择文字，分别设置文字的不同Alpha值。

23）接下来使用相同的方法制作"图层3""图层4""图层5"和"图层6"，分别设置文字"时""尚""奢"和"华"的不同动画，"时间轴"面板如图11-26所示。

图11-26 "时间轴"面板

24）返回场景1，在"图层1"的第1帧，将元件"流星"拖入舞台两次，产生两个元件实例，如图11-27所示。

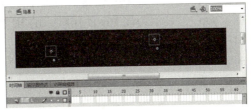

图11-27 将元件"流星"拖入舞台

25)新建"图层2",在第1帧将元件"文字"拖入舞台左侧,如图11-28所示。

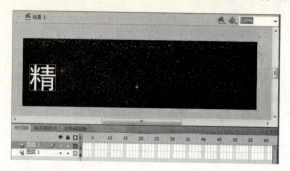

图11-28 将元件"文字"拖入舞台

26)使用〈Ctrl+Enter〉组合键测试影片,并以"Banner.fla"为名保存。
27)执行"文件"→"导出"→"导出影片"命令,将制作好的动画进行发布。

11.3.3 使用Dreamweaver CS6制作页面

当网页的效果图以及需要使用的素材都确定好了之后,就可以开始在Dreamweaver中制作网站页面了。下面将介绍使用Dreamweaver CS6制作"最美瞬间摄影工作室"网站的首页,具体操作步骤如下。

1)启动Dreamweaver CS6,执行"站点"→"新建站点"命令,打开站点设置对象对话框,在其中设置站点名称为"最美瞬间",站点文件夹为"……\课堂案例\案例素材\No10-最美瞬间摄影网",如图11-29所示。

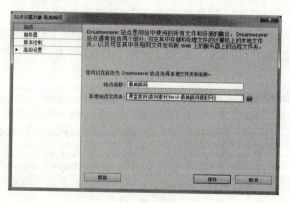

图11-29 站点设置对象对话框

2)在"欢迎屏幕"中选择"新建"→"HTML"类型,如图11-30所示。
3)执行"插入"→"布局对象"→"Div标签"命令,打开"插入Div标签"对话框,在"ID"组合框中输入"top",表示为该Div使用唯一的ID样式,如图11-31所示。
4)使用同样的方法,在"top"标签后面依次插入两个"ID"类型的Div标签,名称分别为"content"和"bottom",如图11-32所示。

图 11-30　在欢迎屏幕中选择网页类型

图 11-31　插入"top"Div 标签

5）选择"div#top"标签，单击"CSS 样式"面板中的"新建 CSS 规则"按钮，打开"新建 CSS 规则"对话框，软件自动识别"选择器类型"为"ID（仅应用于一个 HTML 元素）"，"选择器名称"为"#top"，选择"规则定义"为"新建样式表文件"，单击 确定 按钮，如图 11-33 所示。

图 11-32　插入的 3 个 Div 标签

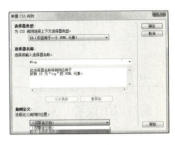

图 11-33　新建 CSS 规则

6）在打开的"将样式表文件另存为"对话框中，设置新建的样式表文件名为"css"，保存在站点文件夹中，单击 保存(S) 按钮，如图 11-34 所示。

7）在打开的 CSS 规则定义对话框中，设置"top"的属性，在"方框"选项组中设置宽度为 1024 px，左、右边距为 auto，如图 11-35 所示。

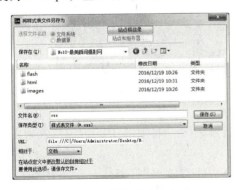

图 11-34　保存样式表文件

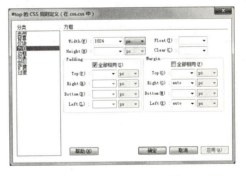

图 11-35　设置"top"标签样式

8）同第 5）步操作一样，选择"div#content"标签，设置该标签的 CSS 规则，在"方框"选项组中，设置宽度为 1024 px，高度为 415 px，左、右边距为"auto"，背景颜色为"#746A69"。

9)同第5)步操作一样,选择"div#bottom"标签,设置该标签的CSS规则,在"方框"选项组中,设置宽度为1024 px,高度为60 px,左、右边距为"auto",填充距上方10 px,背景颜色为"#000"。

10)将光标定位在标签"div#content"里面,分别插入两个Div标签,类型为"ID",名称为"left"和"right",实现标签"div#content"内嵌套左、右两个Div标签的布局。

11)将光标定位在标签"div#right"里面,分别插入两个Div标签,类型为"ID",名称为"right_up"和"right_down",实现在标签"right"内嵌套上、下两个Div标签的布局。

12)依次给每个Div标签设置CSS规则,如表11-1所示。

表11-1　CSS规则设置

属性＼标签	left	right	right_up	right_down
Background-color	#746A69	#746A69	#746A69	#746A69
Width	276 px	664 px	664 px	664 px
height	415 px	415 px	240 px	175 px
Margin-left	84 px			
Margin-right				
Float	left	left		

13)通过以上设置,页面的布局如图11-36所示。

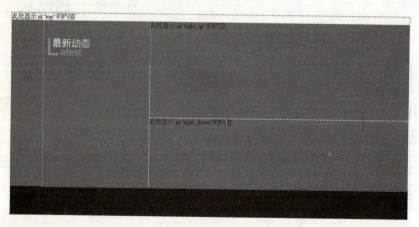

图11-36　页面布局效果

14)在标签"div#top"中依次插入素材中的图像文件"效果图_01.jpg""效果图02_.jpg"和"效果图_03.jpg",删除标签中的文字。

15)在标签"div#left"中,插入素材中的图像文件"效果图_05.jpg",在图像后面换行,输入4行文字"最新推出三亚婚纱旅游跟拍""最新推出三亚闺蜜旅游跟拍""最新推出三亚亲子旅游跟拍""高级造型师A-lin加盟"。

16)新建CSS样式,设置类型为"类",名称为"wz1",字体为"仿宋",颜色为"白色",应用于上述4行文字,并设置"项目列表"。

17）在文字下面插入一个 2 行 1 列的表格，宽为"238 px"，边框为"0 px"，位置为居中对齐。在第一行单元格内输入文本"最美瞬间摄影工作室"，在第二行单元格内输入文本"地址：西安市西安市西安市""电话：029 - 66666666""邮箱：1234@163.com""QQ：123456789"。

18）新建 CSS 样式，设置类型为"类"，名称为"wz2"，字体为"黑体"，字号大小为"24 号"，颜色为"#FC9"，应用于第一行单元格内的文本，将"wz1"的样式应用于第二行单元格内的文本。

19）新建 CSS 样式，设置类型为"类"，名称为"t1"，在"属性"面板中设置边框的上、下、左、右线型为"dotted"，颜色为"白色"，应用于该 2 行 1 列的表格。

20）标签"div#left"的内容设置如图 11-37 所示。

21）在标签"div#right_up"中插入素材中的图像文件"效果图_06.jpg"，换行后插入一个 2 行 7 列的表格，设置"宽度"为 651 px，"填充"为 0，"间距"为 0，"边框"为 0，位置为居中对齐。

22）在表格中的相应单元格内依次插入素材中的图像文件"个人写真.jpg""儿童摄影""婚纱摄影""风景写真"和相应文字，设置图像的宽为"150"px，高为"100"px，效果如图 11-38 所示。

图 11-37 "div#left"标签的效果　　　　图 11-38 "div#right_up"标签的效果

23）在标签"div#right_down"中插入素材中的图像文件"效果图_09.jpg"，换行后插入一个 1 行 11 列的表格，设置"宽度"为 300 px，"填充"为 0，"间距"为 0，"边框"为"0"，位置为居中对齐。

24）在表格中的相应单元格内依次插入素材中的图像文件"摄影网站 1.jpg""摄影网站 2.jpg""摄影网站 3.jpg""摄影网站 4.jpg""摄影网站 5.jpg""摄影网站 6.jpg"，效果如图 11-39 所示。

图 11-39 "友情链接"图像效果

25）在标签"div#bottom"中插入一个 2 行 2 列的表格，设置"宽度"为 100%，"填充"为"0","间距"为"0","边框"为"0",位置为居中对齐,合并第二行的两个单元格。

26)在3个单元格内输入文本"版权所有©陕西省最美瞬间广告有限公司""联系电话:029-85896666""北京ICP备10001111号"。

27)新建CSS样式,设置类型为"类",名称为"wz3",字体为"黑体",颜色为"白色",文本对齐方式为"center",且为应用于单元格的文本,效果如图11-40所示。

图11-40 "div#bottom"标签的效果

28)在图像文件"效果图_03.jpg"上绘制一个"AP Div"层。

29)执行"插入"→"媒体"→"SWF"命令,在层中插入Flash文件"Banner.swf"。

30)适当调整Flash文件的窗口大小,设置属性"Wmode"为"透明",如图11-41所示。

图11-41 设置Flash背景

31)保存网页并在浏览器中预览效果,如图11-42所示。

图11-42 网站首页预览效果